山东省水利职工教育培训系列教材

山东水情知识读本

隋家明　于纪玉
刘继永　崔振才　主编

黄河水利出版社
·郑州·

内 容 提 要

本书为山东省水利职工教育培训系列教材，主要介绍了人类与水的关系，山东省水利发展的悠久历史，新中国成立以来山东省治水与兴水方面取得的巨大成就，新形势下山东省水利面临的严峻挑战，新时期的治水思路、治水理念，城乡一体供水保障体系、防洪减灾体系、水系生态系统、水利信息化体系的建设以及节水型社会建设，推进水利可持续发展的保障措施及体制机制等。

本书可供水利系统干部职工学习、培训使用，也可以作为各行各业进行水情教育的教材使用。

图书在版编目(CIP)数据

山东水情知识读本/隋家明等主编. —郑州：黄河水利出版社，2012.2

ISBN 978-7-5509-0206-0

Ⅰ.①山… Ⅱ.①隋… Ⅲ.①水利建设-山东省 Ⅳ.①TV-092

中国版本图书馆CIP数据核字(2012)第017716号

组稿编辑：王路平　电话：0371-66022212　E-mail：hhslwlp@126.com

出 版 社：黄河水利出版社

地址：河南省郑州市顺河路黄委会综合楼14层　邮政编码：450003

发行单位：黄河水利出版社

发行部电话：0371-66026940、66020550、66028024、66022620(传真)

E-mail：hhslcbs@126.com

承印单位：河南地质彩色印刷厂

开本：890 mm×1 240 mm　1/32

印张：6.5

字数：200千字　印数：1—5 500

版次：2012年2月第1版　印次：2012年2月第1次印刷

定价：20.00元

序

水是生命之源、生产之要、生态之基。水资源是既不可或缺、又无以替代的自然资源、经济资源、战略资源。加快水利改革发展不仅事关农业农村发展，而且事关经济社会发展全局；不仅关系防洪安全、供水安全、粮食安全，而且关系经济安全、生态安全、国家安全。善治国者必先治水，“为政之要，其枢在水”。

山东地处黄淮海平原，人多地少水缺、降水时空分布不均、旱涝灾害频发是基本省情。山东省有着可歌可泣的悠久治水历史，特别是新中国成立以来，历届省委、省政府团结带领全省人民坚持不懈地兴水利、除水害，取得了辉煌的治水成就，为全省经济社会发展提供了有效的水利支撑和安全保障。但面对全球气候变化的新趋势、科学发展对水利的新要求和人民群众对水安全的新期待，水资源短缺仍然是山东省经济社会发展的主要瓶颈，旱涝灾害频发仍然是我们的心腹大患，水利设施薄弱仍然是全省基础设施建设的明显短板，农田水利建设滞后仍然是影响农业稳定发展和粮食安全的重大制约，加快全省水利改革发展任务繁重、刻不容缓。

时代呼唤水利发展，人民期待水利发展。《中共中央 国务院关于加快水利改革发展的决定》和省委、省政府的《实施意见》，为我们立足省情、突破瓶颈、消除隐患、弥补短板、跨越发展提供了机遇、指明了方向、吹响了号角。承载着民生期待，肩负着历史重任，大兴水利的热潮已经在全省迅速掀起，全社会关心水利、支持水利的热情持续高涨。为满足广大干部职工了解山东水情、提升专业素质的基本需求，我们组织编写了《山东水情知识读本》，期冀对大家有所帮助和启迪。

“水唯能下方成海，山不矜高自及天。”希望全省广大水利工作者，深刻体味水“亲善纯洁、谦逊自然、宽厚包容、淡泊平和、革故鼎新、坚忍不拔”的性格特质，真正把学习当做责任、习惯和修养，自觉刻苦学习，奋力开拓实践，努力为全省水利改革发展作出新的更大的贡献！

2011 年 12 月

前　言

山东是一个干旱缺水严重的省份，资源型缺水、发展型缺水、水资源严重匮乏且时空分布不均是山东省的基本省情和水情。山东人均占有水资源量为全国平均水平的1/7，亩均水资源量为全国平均水平的1/6，并且降水季节过分集中，大部分地区每年汛期的降水量占全年的60%～80%，极易形成春旱夏涝，同时降水年际变化很大，经常出现连丰、连枯及丰枯交替现象。加之人口多、经济增长快和城市工农业用水的迅速增长，更加加剧了山东省水资源的供需矛盾。

为了全面了解山东省的基本水情及水利发展面临的新形势，更好地认知加强农田水利薄弱环节建设、加快水利基础设施建设、实行最严格水资源管理制度的作用和意义，以及如何走水利现代化之路，建立健全水利可持续发展的保障措施，我们结合2011年中央“一号文件”《中共中央 国务院关于加快水利改革发展的决定》以及山东省“一号文件”内容，编写了这本科普读物，以期对广大水利基层人员以及全社会关心水利的各界人士有所裨益。

本书共分六章。第一章主要从水与生命、水与生产、水与生态三个方面讲述了人类与水的关系；第二章讲述了水利的重要作用，以及山东省水利发展的悠久历史；第三章主要介绍了新中国成立以来山东省治水与兴水方面取得的巨大成就；第四章主要讲述了新形势下山东省水利建设面临的严峻挑战；第五章主要讲述了与水利现代化密切相关的以人为本的治水思路、人水和谐的治水理念，走水利现代化之路的城乡一体供水保障体系、防洪减灾体系、水系生态系统和水利信息化体系的建设，以及节水型社会建设；第六章主要讲述了推进水利可持续发展的保障措施及体制机制等。

本书的主要特点如下：①紧密结合2011年中央“一号文件”和山东省“一号文件”内容，对两个文件的主要内容作了比较系统和通俗的解释，并对某些内容进行了归纳和总结，具有综合性；②本书的每一章节均从水利建设面临的新形势以及新形势下水利的地位和作用展开，内容新颖，具有时代性；③本书在内容组织、编排和叙述过程中，做到朴实、准确、易懂，具有通俗性。

参加本书编写的有于纪玉（第一章第一、二节）、崔振才（第一章第三节、第三章第四节、第四章第五节、第五章第五节）、周长勇（第二章，第五章第一、二节，第六章第一节）、甄洪峰（第三章第一节、第四章第一节、第五章第四节）、何晓科（第三章第二节、第四章第三节、第五章第七节）、杜守建（第三章第三节、第四章第二节、第五章第三节）、时丕生（第三章第五节、第四章第四节、第六章第二节）、刘福臣（第五章第六节，第六章第三、四节）。全书由隋家明、于纪玉、刘继永、崔振才主编并负责统稿，山东省水利科学研究院杜贞栋研究员对书稿进行了审阅。

本书在编写过程中参阅了大量有关文献并引用了某些数据，得到了山东省水利厅有关处室以及有关单位的大力支持和帮助，在此谨致深切的谢意。

鉴于水情内容之丰富，又限于编者水平，书中难免有不妥之处，恳请广大读者惠予指正。

编　者

2011 年 12 月

目 录

第一章　水与人类

第一节　水与生命

水的话题,是一个关于生命的话题,也是一个关于富裕和贫穷的话题,更是一个关于美丽、绝望、危机与希望的话题。人们相信这是新世纪最重要的话题。这是因为水是万物之始,没有水就没有生命。

一、水是生命的摇篮

水是生命之源,这是人们的共识。从生命有机质的起源、演化和基本物质组成等各个方面来看,水既是生命的载体,又是构成生命的最基本物质,还是维系生命存在和延续的条件。有了水,才有了万物,才有了生命。有了水,动物和植物才得以生存、繁衍,即水是一切生命的摇篮。

2005 年 3 月 22 日,是新世纪的第六个世界水日,这次世界水日的主题是"生命之水",让我们从各个方面了解到水对于生命的极其重要的意义。水是生命之源,从水中我们可以见到生命所有的色彩。联合国前秘书长科菲·安南这样表达自己对水的情感:我热爱自然,最能令我放松的活动就是坐在河边,看着河水从身旁流过。当我看着河水时,打动我的是水有多么清纯或者多么污浊。当你坐在一条得到保护并受到居民崇拜的干净的河边时,河水从你身边流过,那么清澈,你可以看到鱼儿在游泳。河水的欢唱和鸟儿们的鸣叫,你会意识到身处自然之间,享受洁净而有活力的河流,你是多么幸运。水总是有生命的,它是运动中的大自然。佩雷斯和平基金会主席西蒙·佩雷斯见证了水的变化:在历史的长河中,水是人类构成中耀眼且富有挑战性的元素。

从太空看,地球是个蓝色的水球。在太阳系八大行星中,它是唯一拥有大量液态水的星球,因此地球享有"水的行星"之称。水是地球上人和其他生命得以生存的物质基础,有了水,地球才有了勃勃生机。

科学家认为,水圈是地球生命的起源地。生命是在海洋中孕育的,然后才从海洋里扩展到陆地,海洋是生命的摇篮和家乡。许多生物的生活和行为都离不开水,特别是生命过程中的几个重要环节,如生物种类的产生、生殖繁衍后代、幼体的发育等。时至今日,人类的生存和发展依然离不开水。20 世纪 50 年代,美国科学家米勒进行地球原始大气及闪电模拟实验,他用甲烷、氮、氢和水汽混合为与地球原始大气成分基本相似的气体,然后连续施行火花放电,以模拟地球原始大气层的闪电。经过化学反应,在实验中形成了构成蛋白质的氨基酸,还合成了某些蛋白质、脱氧核糖核酸等生物大分子。这个实验告诉人们,大气中的水汽在一定条件下与大气中的物质发生化合,经过一系列复杂的化学变化,形成氨基酸、核苷酸、核糖等物质。这些与生命休戚相关的物质的出现,为地球上生命的诞生奠定了物质基础,它是生命过程中极其重要的一步,人们称之为化学演化。这个实验再次向人们展示:离开了水,生命就无从起源。

然而,生命物质并没有在地球开始形成时就出现,这是因为太阳的紫外线所拥有的极强杀伤力,构成了对原始生命的威胁,成为生命起源的障碍。庆幸的是,大自然赋予地球大量而珍贵的水,帮助生命孕育渡过了难关,当生命物质随水分循环过程来到海洋时,它们找到了理想的家园。巨大的海洋阻挡了强烈的太阳辐射,原始海洋就成为原始生命天然的庇护,因此人们都亲切地将海洋称为地球上生命的摇篮。

氧气的大量出现为空气中臭氧的出现奠定了基础。氧在高空中聚集,其浓度逐渐增大,特别是在 10 ~ 50 km 高度的大气层,臭氧能大量地吸收太阳紫外线,宛如一道过滤器,过滤掉大部分紫外线和其他高能辐射,履行着保护生物免受辐射伤害的天职。陆地表面逐渐变得适宜于生物的生存,地球上的生物也就渐渐地从海洋进入大陆。随着生物的不断进化,一个繁花似锦、万物丛生的生物圈层就逐渐在地球表层形成。

总之,地球上的生命从孕育的第一天起,就与水休戚相关。生命的任何现象都与水紧密相联,生命演化的任何一个步骤都离不开水。换句话说,水就是生命,没有水就没有生命现象。

二、水是生命最基本的组成成分

研究证明,除风干的植物种子含水量较低(10% ~15%)外,大多数生物体的含水量在50% ~98%。当然,不同的生物体又略有差异。例如,哺乳动物体内的水分约占65%,鱼类占75% ~85%,水母则高达95% ~98%。植物界也是如此,据研究,水中的藻类体内的水分占95%以上,蔬菜中的大白菜体内的水分差不多也占95%。人体也不例外,正常情况下,一个成年人体内的水分占总体重的60% ~70%。所以,生命与水有着千丝万缕、不可分割的联系。

水是一切生命过程得以正常进行的生理要素,一切生物化学过程都必须在水中进行,营养物质和异化作用的产物主要以水溶状态输送。同时,水中含有钠、钙、镁、钾等无机盐类,是大多数动物必不可少的物质来源。水的摄入与排泄还有助于陆生动物调节体温。水参与生物体内的各种代谢过程,水分是生物体内的运输兵,它把生物体从环境中吸收的营养物质送到机体各部分,又把机体产生的各种废物排泄到环境中。水参与了生物体内所有的生理生化过程,生物体内缺水达到一定程度,生命就随之终止。因此说,水是生命之源,和阳光、空气一样,是生命不可或缺、最基本、必需的自然资源。对绿色植物来讲,水直接参与光合作用,多种营养元素也只有溶解在水中才能被吸收利用。一旦土壤中干旱缺水,植物的光合作用强度就会下降甚至停止,从而影响植物的生长。如果植物体失水过多,就会引起植物细胞软缩,出现萎蔫现象甚至死亡。但是,若土壤中含水量过多,就会排挤土壤空气,造成缺氧环境。这种情况下,土壤中还原反应占优势,有毒物质增多,植物发育便受到抑制。若含氧量减少到2%,根系就会死亡,若根系死亡,整株亦将难以存活。

世界上的一切都是水的不同形态的体现,生命的质量其实就是水的质量,人如此,植物也如此。

三、人体与水

水与我们每一个人的生存、生命力、健康密不可分。中国有句话，叫做一方水土养一方人。一方水的好坏，不仅影响这方人的皮肤、体质、健康，更影响到这一方人的生命力。

人的生命活动是以水为中心而展开的，人体一旦缺水，或者体液被坏水污染，将会导致生命的终结，或者罹患各种疾病。人体可以说是由水构成的，人体体重的2/3是水。当然，人体各部分的含水量有明显的差异，像骨头只含16%～46%的水分，肌肉则含70%以上，至于血浆、脑脊液等，水分比重都在90%以上。因为水是人体内含量最多的成分，所以人与水的关系是极为密切的。古人说“民以食为天”，这是天经地义、千真万确的。但是，当人们取得了食物之后，又是怎样将食物变为营养的呢？靠的是水。人每天喝的水量比吃的食物量要多，而且食物的加工制作都离不开水，所以说“人以水为先”可与“民以食为天”相提并论。在我们摄取的食物中，没有哪种东西具有比水更重要的作用。只要由于某种原因人体失掉15%的水，人就会感到头晕、眼花、烦躁不安；损失20%时，就出现脱水热，引起昏迷、酸中毒或者尿中毒；如果继续失水，超过体重的25%，那就可能危及生命。

医学专家综合人体的需要，认为人一天平均摄取2.5 L水是适当的。水对人体的功效主要体现在八个方面。一是镇静功效：慢慢饮水少量，胜似饮好酒，有镇静之功效；二是解热功效：外界温度高，体内热量可随水分经皮肤蒸发掉，维持体温；三是催眠功效：睡前一小时饮杯水，有催眠之功效；四是润滑功效：水是关节、肌肉及体腔的润滑剂，对人体组织和器官起一定缓冲作用；五是运送营养：水的流动性可调节和加快消化、吸收、循环、排泄过程中营养物质的运送；六是稀释有毒物质：减少肠道对毒素的吸收，防止有害物质慢性积累中毒；七是美容功效：平时饮用足量水，使皮肤组织细胞水量充足，肌肤细嫩滋润，富有光泽，减少褐脂与皱纹，延缓衰老；八是促进新陈代谢：降低血黏度，防止胆固醇等附在血管壁上引起血管老化、动脉硬化。

总之，人作为生命的一种表现形式，与一般的生命形式一样，时刻离不开水的滋养,人体系统与水必须保持和谐。

人体系统与水的和谐,除人体与水量和谐外,人体与水质也必须和谐。通常人们对水量的需求情况是了解的,因为每个人都会有缺水时那种渴的感受和需要水的欲望,以及在喝水后的那种舒爽满足的感受。显然水的不断、足量的供给是延续生命的条件,与人的健康是息息相关的。下面是一组与人类健康有关的简单统计数字:

(1)人的一切生命活动都需有水参与,每人每天要摄入 2 ~ 3 L 的水。

(2)一个人 3 天不进食可以生存,如果 3 天不喝水就会死亡。

(3)目前,全世界在水中检测出的有机物有 2 221 种。

(4)由饮水引起的疾病占所有人类所患疾病的 80%;由水传播的 40 种传染病,在全世界范围内仍未得到控制;全世界每年有 2 500 万儿童因饮用受污染的水而生病致死。

(5)我国约有 24% 的人饮用不良水质的水,约 1 000 万人饮用高氟水,约 3 000 万人饮用高硬质水,5 000 万人饮用高氟化物水,而这些数据每年均呈上升趋势。

这就是说,长期饮用不符合人体健康标准的水会使人得病,甚至危及人的生命,尤其是质量很差的水对人体十分有害,饮用后人体会很快有不良的反应,有的会直接造成人的死亡。因此,饮用水质量与人类健康之间的关系极为密切。

疾病与死亡的原因在于水。2003 年,联合国驻安卡拉代表处曾在“世界环境日”发表声明说,全球发展中国家发生的所有疾病与死亡,有 80% 与水源有关,此外,平均每 8 秒有一名儿童死于与水源有关的疾病。造成疾病或因疾病而死亡的根本原因在于水。进入人体的水若是坏水和死水,就是导致疾病和死亡的元凶。俗话说“病从口入”,其寓意就在于此。死水,即缺乏能量、分子团大、排列紊乱、矿物质含量少、中性偏酸的水质,这种水进入人体后,无助于对细胞的新陈代谢、自我更新起促进和激活的作用;坏水,即含有病原菌或病毒的水,或受各种污染的水,进入人体后,对体细胞和肠内微生物进行侵蚀、杀伤、破坏或促其异化,将导致旺盛的新陈代谢失调,功能紊乱,免疫力衰退。当抵抗不住毒菌、有害菌的侵蚀,破坏生存法则时,体细胞也将遭遇同样的厄运,导致疾病和死亡。

进一步研究表明,现代人类的重要疾病,诸如癌症、脑溢血病、心血管病、骨痛病、地方性甲状腺肿、水俣病、大骨节病等,与饮用水质量都有着极其密切的关系。饮用水中许多物质的含量的异常分布都会造成人类的疾病。如水中铅含量超标,容易造成婴儿和儿童的身体或智力发育迟缓,成年人肾脏出问题,高血压;水中含有细菌会产生细菌性传染病,等等。而在目前情况下,人类的生产活动和追求享乐的生活方式,都或多或少地向自然界中释放大量的类似的有害物质,使我们日常的饮用水中漫布着可怕的致病元素。了解了这一切,有助于我们自觉地维护我们生存环境的清洁,使我们远离受污染饮用水所带来的疾病的侵扰。

水既是生命之源、健康之本,又是疾病之根、死亡之因。生命和健康对水既有量的要求,又有质的要求。好水、活水、优质水将赋予人健康、长寿;坏水、死水、劣质水将给人带来疾病和死亡。从广义上讲,健康长寿之源 100% 在于水,75% 以上的疾病和死亡之根本原因在于水。健康与长寿的秘密尽在水中。为了健康长寿,必须喝好水。

有的专家总结和归纳了健康水的三个主要标准:一是没有污染的水;二是没有退化的水;三是符合人体生理需要的水。只有这三点全部达到要求,才能称为健康水。具体地说就是:健康水是没有受到污染、具有中等溶解性总固体(310 mg/L)和中等硬度(170 mg/L)、参与自然界水循环运动、不含有对人体有害物质又不缺乏人体必需物质成分的新鲜水。

为了生存、为了健康和长寿,我们必须把坏水、死水改造成为好水、活水,使大自然赋予我们生存的水回归到好水状态。

第二节　水与生产

水是融入整个生产环节的基本要素,没有水就产不出粮食,就炼不出钢、发不出电,就没有农业、工业和服务业。水利是现代经济社会发展不可替代的基础支撑。

一、水是生产之要

1992年联合国环境与发展大会通过的《21世纪议程》明确地警示:“淡水是一种有限的资源,不仅为维持地球上的一切生命所必需,而且对一切经济部门都具有生死攸关的重要意义。”这种警示并非危言耸听。其实世界的水危机早已悄悄来临,中国的水问题也日趋严重。在2003年中央召开的人口资源环境工作会议上,党中央深刻地指出,水资源是经济社会发展的战略资源和经济资源,必须实现水资源的可持续利用,以保障经济社会的可持续发展。

所谓战略资源和经济资源,是指对经济社会发展有着重大影响,并能够利用产生效益的资源。它的有和无、多和少,直接关系到经济社会发展的快和慢、社会环境的优和劣,乃至人类能否生存。水资源正是这种资源,它和土地资源、矿产资源(包括能源资源)一样,经济社会的发展对其具有极大的依赖性。而这几种资源相比较起来,水资源更重要,经济社会对其依赖程度更高、更强烈、更突出。

二、水是农业的命脉

(一)水是作物生长不可替代的资源

任何作物的生长都离不开水,水是作物进行光合作用,制造有机物的原料。虽然形成作物组织的水还不到作物需水总量的1%,但作物的一切生理活动需要大量的水,一般草本作物形成1 g干物质需要耗水300~800 g。水能保持作物处于正常而稳定的状态,作物根系在土壤中生长,正常供水情况下,茎、叶保持挺直,便于各器官接受光能,进行光合作用。土壤中的营养元素只有溶解在水中才能被作物根系吸收,各种矿物质元素和有机物也只有通过水溶液才能输送到作物的各个部位。水分还是作物细胞原生质的重要成分之一。水分可调节作物体温,通过蒸腾失水,使作物保持较稳定的温度,避免日光强烈照射使叶温升高而受害。

作物生长过程中需要消耗大量水分,资料表明,我国北方地区冬小麦全生长发育期需水量在 200 ~ 550 mm，夏玉米全生长发育期需水量在 300 ~ 400 mm，而棉花全生长发育期需水量在 500 ~ 800 mm，南方地区水稻全生长发育期需水量最高可达 1 000 mm 以上。因此可以说，有水才有粮，有水才有棉，有水才有农业。

（二）水与农业的关系

早在 1934 年，毛泽东同志就提出，水利是农业的命脉。这句话确实讲到了水与农业关系的本质。

我国是一个人口众多的农业大国，农业是国民经济的基础，农业的兴衰不仅关系着人民的温饱，在国民经济中也占有十分重要的位置。水资源紧缺、降雨时空分布不均、水旱灾害频繁，决定了中国的农业对水利基础设施有很强的依赖性。历史上，水旱灾害给我国人民带来过惨痛灾难，以旱灾为例，1949 ~ 1998 年，全国平均每年受旱面积2 160万 hm^2，相当于耕地面积的 1/5，其中成灾面积 873 万 hm^2。全国平均每年因旱灾损失粮食 123. 8 亿 kg。50 年中有 10 年发生严重干旱灾害，受旱面积均超过 2 667 万 hm^2，成灾面积超过 1 333 万 hm^2，相当于 5 年发生一次重旱。

历史已经证明，没有灌溉的发展就没有农业的进步。在中国历史上，正是由于在江河流域开发了一个个灌区，才产生了一个个经济区。例如，在早期的渭河灌区，产生了以长安为中心的经济区；在都江堰灌区，形成了成都平原的“天府之国”经济区。隋唐以后，随着长江流域的开发和灌区的发展，中国经济发展的中心区域也逐步南移，在长江流域形成了大的经济区域。

新中国成立以后，灌溉农业得以长足发展，到 2010 全国已建成万亩以上灌区 5 795 个。这 5 795 个灌区以约占全国 40% 的土地面积生产出了占全国总产量 75% 的粮食和 90% 以上的经济作物，其中大中型灌区的产量占全国产量的 35%，亩均单产 450 kg 左右，高出全国平均水平 50%，这不是水资源的利用效益吗？中国以占世界 7% 的土地养活了占世界 19% 的人口，使 13 亿人口解决温饱问题，这是举世瞩目的伟大成就。

众所周知，占世界人口总量 1/5 的中国人拥有的生存资源份额几乎只有地球上其他国家居民人均份额的1/2。水和土地这两类基本生存要素尤为短缺。因此,中国的可持续发展问题还必须从可持续生存的基础做起。我国人均水资源的占有量只有2 300 m^3,为美国的1/5、俄罗斯的1/7、加拿大的1%,居世界第121位,是世界上13个贫水国家之一,而且我国的水资源与降雨量在地域上分布十分不平衡,呈东多西少、南丰北歉的格局。这与耕地的分布又形成极大的反差。若以长江为界,长江以北地区水资源不足全国的18%,但耕地却占全国的64%。再从东、西区域来看,我国西北内陆地区面积占全国的1/3以上,而水资源仅占全国总量的4.6%。由此,干旱缺水必然是我国北方特别是西北区域可持续发展乃至可持续生存的根本问题。与此形成鲜明对照的是我国南方在雨季的洪涝之灾,这也是可持续发展需要治理的生态工程。就耕地而言,我国国土面积的90%都是不可耕作的土地,即可耕地仅占国土面积的10%,其总量仅占世界可耕地的7%。换句话说,中国耕地的人均承载力是世界其他国家的3倍还多。近半个世纪以来,由于人口倍增、草原沙化、水土流失、环境污染和经济建设用地等诸多因素,我国人均耕地占有量从1949年的0.18 hm^2锐减到2010年的0.092 hm^2。今后50年,若只考虑人口惯性增长的因素,2030年将为0.053 hm^2,为世界人均耕地最低警戒线(生存线),到2050年还将减少到0.042 hm^2。这不能不说是对我们的子孙后代可持续发展的严重制约,是代际天平的失衡。

“无农不稳,无工不富,无商不活。”这是一条古训。对拥有13亿人口的中国来说,农业尤其重要,它直接关系到国家的粮食安全,更关系到国家的稳定。然而,我们必须清醒地认识到,中国保障粮食安全面临着严峻挑战:耕地在减少,人口在增加。有研究预计,到2030年要满足15亿人口基本生存的需要以及在生活水平普遍提高情况下对农产品的广泛需求,我国粮食综合生产能力必须增加30%。面对艰巨的任务,提高单位面积产量成为提升粮食综合生产能力的主要途径。而提高单产、稳定总产必须有水利作支撑。水利是农业的命脉,水利不兴,农业不稳,这已被多年的实践反复证明。

水对现代农业的重要性还体现在加强水利建设是现代农业满足人

们不断提高的生活需求的重要保障。加强水利建设,可以不断提高粮食的产量,提高耕地的产出效率,实现农业增效、农民增收的奋斗目标。同时,现代农业以产出高效、绿色环保、安全的产品满足人们日益提高的对生活质量的需求为落脚点。因此,创建绿色食品生产基地成为现代农业的标志,加强粮食生产、畜禽、水产、经济作物、农产品加工等一体化发展的绿色农业生产成为现代农业的必需。加强水利建设可以有效避免水土流失,改善植被条件,有效避免土壤荒漠化及盐碱化,切实改善土地退化现象,减轻农业用水污染对水资源的伤害,从而实现人居生活的安全和农业的可持续发展。

三、水是工业的血液

中国的工业化和城市化兴起以后,人们对水的认识又有了新的发展,即水利不仅是农业的命脉,而且是工业和城市发展的命脉。没有水,制造业无法转动。即使是火力发电,没有循环水、冷却水,电也发不出,更何况水能资源本身还可以发电。采矿业没有水也难以进行。

在现代工业中,没有一个工业部门是不用水的,也没有一项工业不和水直接或间接发生关系。水已渗透到各行各业之中,成为工业不可缺少的东西。水参与了工矿企业生产的一系列重要环节,在制造、加工、冷却、净化、空调、洗涤等方面发挥着重要的作用,被誉为"工业的血液"。例如,在钢铁厂,靠水降温保证生产;钢锭轧制成钢材,要用水冷却;高炉转炉的部分烟尘要靠水来收集;锅炉里更是离不了水。制造1 t钢,大约需用25 t水。水在造纸厂是纸浆原料的疏解剂、稀释剂、洗涤运输介质和药物的溶剂,制造1 t纸需用450 t水。火力发电厂冷却用水量十分巨大,同时,也消耗部分水。食品厂的和面、蒸馏、煮沸、腌制、发酵都离不了水,酱油、醋、汽水、啤酒等,干脆就是水的化身。

我国用水量最多的工业部门有:电力、冶金、化工、石油化工、纺织等。其中火电是我国工业用水的最大用户。发展工业离不开水,在工业产品的成本中,用水所占的成本为0.5%~1%,有些产品甚至高达55%。

根据水在工业生产中的不同用途,可将工业用水分为冷却水、工艺水、洗涤水等不同的类型。

冷却水是指在生产过程中作为吸热介质，带走多余热量的水。水之所以可作为冷却剂，主要因为它是自然界中比热最大（比热为 1 cal/(g·℃)）的物质之一，即使吸入大量的热，也不会像铜、铁等金属那样使自身温度发生剧烈变化。

工艺水是指作为工业原料的水，它是工业用水中最富有生命力的部分。除火力发电外，一般工业都有工艺水。在纺织、造纸、食品工业中，工艺水可占总用水量的 40% ~70%。工艺水通常是直接用水，它除直接进入产品外，其余部分将变成含有杂质的工业废水，如造纸废水等。

洗涤水是指在工业生产过程中用来清洗原料、工具和产品的水。如纺织、印染、造纸、陶瓷和选矿等工业，通常都需要大量的洗涤用水。

水可以作为工业的动力，例如可以用来作为锅炉用水。不同的工业领域不仅对水量的需求不同，而且对水质的要求也有区别。对于锅炉来说，一般都要进行预处理。这是因为如果水质较硬（即水中含钙、镁盐类物较多），那么就会在锅炉内部结成水垢。由于水垢的传热系数比钢铁小很多，因此锅炉结垢一方面将增加燃料的消耗，另一方面引起炉管过热，从而产生爆炸危险。

作为工业用水中的“大哥大”的冷却水，要求尽可能低温，全年温度变化小；不产生水垢和泥渣沉积，对金属的腐蚀性小，不得有微生物和藻类等存在，以免堵塞管道。在循环冷却系统中，通常要对冷却水进行防垢处理，并进行氯化以杀灭水中藻类和微生物。

有一些工业产品对水质有特殊要求。例如酿酒工业用水，就以硬度略高一些为好，因水中的溶解盐类可以作为发酵的营养源和刺激剂，对发酵起促进作用。在自然界中，地下水的硬度通常高于地表水，这就是“名泉出佳酿”的原因。对于造纸工业而言，水的浑浊度、色度、硬度、酸碱度、臭味以及水中离子和藻类的含量，却会对纸的质量产生影响。

在化学工业生产中，对水的纯度的要求越来越高。例如，多数的化学药剂和化学反应生成物都会和铁发生反应生成有色沉淀，因此不少化工产品需要含盐类和铁、锰量极少的高纯度水。在科学技术迅猛发展的今天甚至还出现了“高纯水”或“超纯水”的需求。

在发达的工业社会里,由于社会分工越来越细,工业的门类越来越多,结构也越来越复杂,工业用水的增长似乎是没有规律可循的。其实,工业是一个大系统,工业用水的增长也有规律可循,工业的增长情况取决于工业的规模、结构、工艺水平、节水技术和措施等。其中,工业结构对工业用水增长的长期趋势有明显的作用。从工业发展过程中对工业用水的需求量来看,它的整个趋势是递增的。

在工业用水的需求量增大的前提下,反而可降低工业用水量,这看似矛盾的事情,其实是科学用水的结果:一是采用先进的少水无水工艺,如清洁生产;二是加强重复用水,提高循环利用率,如回用热力发电工业的冷却水;三是采用限额用水政策,制定和实施严格的用水管理。

四、水是推动第三产业可持续发展的重要基础

随着社会经济的快速发展,第三产业在国民经济中的地位越来越重要,水利作为整个国民经济的命脉,在第三产业中也发挥着极其重要的作用。

(一)水运的重要地位

在流通领域,水运仍然是当前最重要的运输方式之一。近年来,随着国内区域合作以及国际产业分工和经济全球化趋势的深入发展,水运在综合交通运输体系中的地位表现得越来越突出,日益成为支撑、保障和带动经济社会发展的重要力量。从某种程度上来说,水运的发展程度、水运的现代化程度,标志着一个国家或地区交通的现代化程度,标志着一个国家经济社会发展的现代化程度。

交通运输体系发展到现在,区域之间的合作,以及国际之间的合作,已经摆到了非常突出的位置。港航的建设、水运的发展不仅仅体现了地区之间的关系,还体现了国际运输以及全球经济分工与合作的关系。统计资料显示,全球货物贸易的90%以上是通过海洋运输进行的。从世界发达国家来看,世界上很多发达国家都把发展现代水运作为交通发展的重中之重,特别是德国,只要去过德国的人都会有深切的

感受,内河航道里大部分船要么装煤,要么装油,要么装集装箱,大量的生产要素和生活物资运输都是通过水路来完成的。水路运输方式有着许多其他运输方式不可替代的优势,其优越性主要反映在以下几个方面:一是运量大。以运送 2 000 t 货物为例,用载重 5 t 的卡车需要 400 辆,用火车(一般一节火车皮的运输量为 60 ~ 80 t)需要 28 节,而使用船舶运输,3 000 t 级的船队一次都"吃不饱"。二是能耗小。由于船舶、船队载重吨位大,单位马力拖带量高,充分利用水的浮力,可节约能源。经测定,水运单位能耗约为铁路的 2/3。三是建设投入少,产出多。水运建设投资较省,单位投资的产出量以及单位投资形成的总体运输能力较其他运输方式具有明显的优势。四是占地少。每公里铁路需占地 2 ~ 2.6 hm^2,公路约占 1 hm^2,水运主要利用天然河道,除港口建设需要占用土地外,基本上不需要占用或很少占用耕地。五是水资源综合利用率高,社会综合效益显著。水运正朝着集运输、水利、居住、文化、生态、旅游、娱乐等多功能于一体的方向发展,适当的资金投入和开发可以带来长期的经济效益和社会回报,更有助于增强城市综合竞争力。六是航运成本低。美国内河航运的运输成本为铁路的 1/4,公路的 1/15;德国内河航运的运输成本为铁路的 1/3,公路的 1/5。目前,我国长江三角洲内河运输成本为公路运输的 1/3。七是运价低廉。水运正是由于具备了上述优点,决定了其可持续发展的地位,对缓解能源、土地、环保等危机,建设节约型社会具有重要意义。

(二)旅游与水

对旅游而言,水景是旅游景观中最富魅力的一种要素,它使环境有了灵气,使环境与人类更加接近。罗伯特·伍德沃德在《风景设计中的水》一文中指出:"就水本身而言,它是一种很柔软的东西。为人类利用的潜力是无限的,它有许多存在的形式,透明、反射、颜色、运动、声音。对设计者来说,它是用于设计风景的最合适的东西。"水是旅游景观中不可缺少的、最富魅力的一种美学要素。以中国古代园林为例,无论是苏州的留园还是承德的避暑山庄,都离不开水,古人称水为园林中的"血液"、"灵魂"。在中国传统园林中,几乎是"无园不水"。有了水,园林就更添活泼的生机,也更增加波光粼粼、水影摇曳的形声之美。

山东省济南市,素有“泉城”之称,“家家泉水,户户垂杨”、“四面荷花三面柳,一城山色半城湖”的美景名扬四海,可以说是泉水造就了济南。

近年来,水利风景区建设取得了显著成绩。截至 2010 年,水利部已批准设立九批共 370 个国家水利风景区,各地涌现了千余个省级水利风景区,形成了涵盖全国主要江河湖库、重点灌区、水土流失治理区的水利风景区群落,不少水利风景区已经成为当地人气最旺、效益最好的休闲娱乐场所,成为开展水情教育、展示水利成就的重要窗口。

水利风景区是以水体为依托,经开发,可供人游览观赏、休闲娱乐和感受探索的环境。它是水利综合利用的重要方面。建立水利风景区,就是开发水给世界带来的美好特质,优化人类的生存环境,给人带来美的享受,它充分利用了水的美学价值,满足了人们对蓝天碧水的渴求。水利风景区以其独特的工程、资源、环境优势,在发挥工程效益、涵养水源、保护生态、改善环境、促进区域经济社会发展等方面发挥着重要作用,成为生态文明建设的重要组成部分。水利风景区建设与发展是顺应自然、尊重规律,亲近水、涵养水、善待水的重要举措,在生态文明建设中发挥着重要的示范作用。同时,我们也应看到,目前,水利风景区建设已经从水利系统走向了社会,成为地方政府推动当地经济社会发展的一个重要手段,在社会上产生了积极影响,水利的社会服务功能和经济支撑作用进一步得到强化。一些地方把水利风景区建设开发作为发展生态旅游和拉动地方经济发展的重要抓手,建成了独具特色的城市河湖型水利风景区,其不仅成为展示水利服务功能的重要窗口、人民群众休闲娱乐的良好场所,也成为一些城市的崭新名片,推动了当地旅游业的蓬勃发展。

截至目前,山东省共拥有国家级水利风景区 52 处,省级水利风景区 95 处。这些水利风景区成为集防洪、供水、观光、休闲于一体的“亲水乐园”,成为山东省旅游产业的重要组成部分。

第三节　水与生态

水是生态环境中最活跃、影响最广泛的因素。水生态系统是人类生存与发展的重要载体和物质基础，对所有生命物质的生物化学循环都非常重要。

一、水是生态之基

地球的生态系统与水紧密相关，它驱动着植物的生长并为许多物种提供栖息场所。水是一种普适的溶剂，通过侵蚀、输移、降解、蒸发和凝结，为沉淀物、营养物和污染物质流动提供路径，水改变着地貌形态，促进能量在土地和大气之间的交换。水资源短缺或水污染等会对生态系统造成危害，同时，生态系统的破坏也会反过来加剧水的危机。

生态系统的结构是由生物和生境这两部分组成的，前者也称为生命系统，后者称为生命支持系统。生命系统又可进一步划分为生产者亚系统、消费者亚系统和分解者亚系统。所谓生产者，包括绿色植物和一部分细菌；所谓消费者，本身没有能力用无机物制造有机物，需要直接或间接依靠生产者提供的有机物存活，称为异养生物；所谓分解者，包括细菌、真菌、土壤原生物等，都属于异养生物。

生态系统的第二大部分是生境，它是非生命部分，也称生命支持系统。生境是生物赖以生存所必需的、基本的条件。从本质上来说，生境中最重要的两个因素是水和太阳。水在生境的各个要素中，具有至关重要的作用。水是生物生命的载体，又是能量流动和物质循环的介质，是地球上所有生物物种的生命之源。

二、水与陆生生态系统

生态系统根据生物栖息环境（生物生活环境）不同分为陆生（地）生态系统和水生（域）生态系统两大类。在陆生生态系统中，根据各生态系统的植被分布情况，又可以区分为森林生态系统、草原生态系统、湿地生态系统、荒漠生态系统、农田生态系统、城市生态系统等类型；在水生生态系统中，根据含盐量的不同，又分为海洋生态系统和淡水生态系统（河流、湖泊、池塘生态系统）。

陆生（地）生态系统为人类社会的发展提供了巨大的生态服务，而这些生态服务功能的产生需要淡水资源——生物圈的血液来驱动。例如，植物的一切正常的生命活动只有在一定的水分条件下才能进行，没有水则没有森林和草原，森林及草原生态系统也就不复存在；湿地之水来源于降水、地表径流、泛滥河水及地下水等，没有水源也就没有湿地，湿地生态系统也就不复存在；土地沙漠化的一个直接成因是区域来水量的减少；水是农田生态系统及城市生态系统中的一个重要因素。下面分别作简要说明。

（一）水与森林生态系统

森林与水资源之间有着非常密切的关系，它具有截留降水、蒸腾、增强土壤下渗、抑制林地地面蒸发、缓和地表径流、改变积雪和融雪状况以及增加降水等功能，表现出较强的水文效应。森林通过这些功能的综合作用，发挥涵养水源和调节径流的效能，对河川径流产生增或减的影响，在"时空"尺度上直接影响河流的水文变化。在时间上，它可以延长径流时间，在枯水位时补充河流的水量，在洪水时减缓洪水的流量，起到调节河流水文的作用；在空间上，森林能够将降雨产生的地表径流转化为土壤径流和地下径流，或者通过蒸腾的方式将水分返回大气中，进行大范围的水分循环，对大气降水进行再分配。

森林生态系统对水的依赖性是非常大的，其主要分布在湿润或较湿润的地区，主要特点是动植物种类繁多，群落的结构复杂，种群的密度和群落的结构能够长期处于较稳定的状态，尤其是热带雨林生态系统。森林中的植物以乔木为主，也有灌木和草本植物；森林中的动物种类特别多，如松鼠、貂、眼镜猴、长臂猿和树蛙以及各种鸟类等。森林生态系统是人类的资源宝库，为人类提供木材和各种林副业产品，同时在改善生态环境（涵养水源、保持水土、调节气候、防风固沙、净化大气、保持生物多样性等）方面起着极大的作用。

（二）水与草原生态系统

草原是人类的畜牧业基地，它的生长需要一定的水资源。草原生态系统分布在中纬度的大陆内部、干旱、年降水量少的地区，面积大约占全球陆地总面积的1/5。动植物的种类比森林少，植物以多年生草本植物为主，其中禾本科、豆科和莎草科植物占优势，植株比较矮小，群落结构较为简单。由于植被植株矮小，呼吸消耗的有机物少，可供动物和微生物利用的有机物较多。草原生态系统也有着丰富的生物资源，生活着大量的牧草和牲畜，人称“药中之王”的甘草、冬虫夏草、枸杞、伊贝母、黄连等著名中药材，都出自草原生态系统；还是许多昆虫、鸟类和哺乳类的乐园，也是许多珍稀动物（如野马、黄羊、白唇鹿、藏羚羊等）的故乡。由于干旱少雨，草原植被的根系发达，对土壤有较强的固着作用，茂密的茎叶能够阻挡风雨对土壤的侵蚀；土壤中动物和微生物的活动使土壤多孔而疏松，能够吸纳雨水，减少地表径流，因而草原生态系统在水土保持和防风固沙等方面起着重要作用。

（三）水与湿地生态系统

湿地狭义上一般被认为是陆地与水域之间的过渡地带，广义上也包括沼泽、滩涂、低潮时水深不超过6 m的浅海区等。湿地是自然生态系统中自净能力最强的生态系统。湿地水流速度缓慢，有利于污染物沉降。在湿地中生长的植物、微生物和细菌等通过湿地生物地球化学过程的转换，包括物理过滤、生物吸收和化学合成与分解等，将生活和生产污水中的污染物和有毒物质吸收、分解或转化，使湿地水体得到净化。水是生态之基，湿地是地球上淡水的主要蓄积地，人类生活用水、工业生产用水和农业灌溉用水除少量开采地下水外，均来源于湿地，湿地也是地下水的主要来源。

湿地生态系统一般指陆地与水域的过渡地带的生态系统。湿地生态系统支持了全部淡水生物群落和部分盐生生物群落，它兼有水域生态系统和陆地生态系统的特点，具有调节洪流、储存水分、保存生物基因等许多功能，是地球上最重要的生命支持系统。湿地生态系统通过物质循环、能量流动以及信息传递将陆地生态系统与水域生态系统联系起来，是自然界中陆地、水体和大气三者之间相互平衡的产物。

（四）水与荒漠生态系统

荒漠是指气候干旱、降水稀少、蒸发大于降水、植被稀疏低矮、土地贫瘠区域的自然景观，荒漠生态系统是陆地生物圈独特的组成部分，同时又是珍贵的自然历史遗产。荒漠生态系统的植物以超旱生的灌木、半灌木为主，植物群落极其贫乏，结构简单，植被覆盖率低（平均不到5%），有些地区完全是岩漠、沙漠，毫无生机。由于食物资源贫乏单调,动物也难以生存,因此种类和数量都很少,只有少量的昆虫及少数鸟类等。由于年降水量稀少(一般为 5 ~ 200 mm),水资源严重不足,荒漠生态系统单调而脆弱,物种消亡快。

(五)水与农田生态系统

农田生态系统是在以作物为中心的农田中,生物群落与其生态环境间在能量和物质交换及其相互作用上所构成的一种生态系统,是农业生态系统中的一个主要亚系统。农田生态系统是具有力学结构和功能的系统,由农田内的生物群落和光、二氧化碳、水、土壤、无机养分等非生物要素所构成。

农田生态系统是一种半人工的生态系统，其主要特点是人的作用非常关键，依赖于人的长期管理，其主要组成成分是人工种养的生物、人们种植的各种农作物。农田中的动植物种类较少，群落的结构单一，抗逆性较差，营养结构简单，稳定性比较低，易受到旱涝灾害和病虫害的影响。因此，可以说农田生态系统是在一定程度上受人工控制的生态系统,一旦人的作用消失,比如缺乏有效的灌溉等,农田生态系统就会很快退化,占优势地位的作物就会被杂草和其他植物所取代。

(六)水与城市生态系统

城市生态系统是以城市为中心、自然生态系统为基础、人的需要为目标的自然再生产和经济再生产相交织的经济生态系统。

城市生态系统是按人类的意愿创建的一种典型的人工生态系统。其主要的特征是:以人为核心,对外部的强烈依赖性和密集的人流、物流、能流、信息流、资金流等。科学的城市生态规划与设计能使城市生态系统保持良性循环,呈现城市建设、经济建设和环境建设协调发展的格局。

城市生态系统不仅有生物组成要素,如植物、动物、细菌、真菌、病毒等,而且有非生物组成要素,如水、光、热、大气等,还包括人类和社会经济要素,这些要素通过能量流动、生物地球化学循环以及物资供应与废物处理系统,形成一个具有内在联系的统一整体。由此可以看到,水是城市生态系统中的重要组成要素之一。

三、水与水生生态系统

水生生态系统是运用生态学原理和系统工程的方法，利用水与自然环境之间、水与社会活动之间的相互作用，并根据社会和物质生产的需求而建立起来的。

自然条件、社会影响、水自身的循环运动构成了一个三维一体的水生态循环系统，这些系统的要素之间相互依存、相互作用、相互制约、相互促进。一般而言，除上述自然、社会和水自身循环运动外，水生生态系统还需加上时间与技术两个要素，这就构成了一个五维一体的动态系统，如图 1-1 所示。

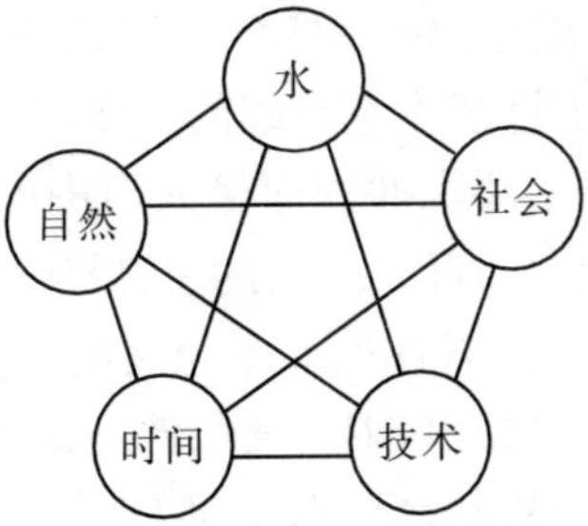

图 1-1　水生生态系统示意图

在一般情况下，如果各要素处于相对稳定的状态中，结构与功能也相对稳定，系统的循环也趋于稳定。一旦要素发生了变化，结构与功能必然受到影响，形式与状态会发生改变，系统也将发生变化。由于各地区自然要素、社会要素、水自身要素的差异，甚至时间要求与技术能力等各不相同，不同区域的水生生态系统是不同的。

水生生态系统主要包括海洋生态系统、河流及湖泊生态系统等。可以说，没有水也就没有水生生态系统。下面作简要说明。

（一）海洋生态系统

海洋生态系统是海洋中由生物群落及其环境相互作用所构成的自然系统，它是一个巨大的生态系统，占地球表面积的 70%，又分海岸生态系统、浅海生态系统、珊瑚礁生态系统、远洋生态系统。海洋中生活的生物种类十分繁多,从原核生物到脊椎动物;海洋中的植物以浮游植物为主,不具备粗壮茎杆和发达的根系。大洋环流和水团结构是海洋的一个重要特性,是决定某海域状况的主要因素,如水团的混合、水团的垂直分布和移动等。虽然影响海洋生态系统的非生物因素主要是阳光、温度和盐度,而不是水,但没有水则没有海洋。

(二)河流生态系统

河流是一种天然水体,它是在一定地质和气候条件下形成的河槽与其中流动的水流的总称。河流是地球上水循环的重要路径。流入海洋的河流称为外流河,如长江、黄河、海河等。流入内陆湖泊或消于沙漠之中的河流称为内流河,如青海的布哈河、新疆的塔里木河等。河流的自然功能主要包括水文功能、地质功能和生态功能。河流的生态功能是形成和支持地球上许多生态系统的重要因素。在输送淡水和泥沙的同时,河流也运送由于雨水冲刷而带入河中的各种生物质和矿物盐类,为河流内以至流域内和近海地区的生物提供营养物,为它们运送种子,排走和分解废弃物,并以各种形态为它们提供栖息地,使河流成为多种生态系统生存和演化的基本保证条件。这不仅包括河流和相关湖泊沼泽的水生生态系统和湿地生态系统,也包括河流所在地区的陆生生态系统以及河流入海口和近海海域的海洋生态系统。河流一旦断流,地球上的多种生态系统将受到影响甚至遭到破坏。

河流生态系统指河流水体的生态系统,是陆地与海洋联系的纽带,在生物圈的物质循环中起着主要作用。河流生态系统中,由于水的持续流动性,溶解氧比较充足,层次分化不明显。河流生态系统的特点是具有流水生态。河流生态系统的另一个显著特点是具有很强的自我净化作用。河流的流水特点使得河流复氧能力非常强,能够使河流中的各种物质得到比较迅速的降解;河流的流水特点也使得河流稀释和更新的能力特别强,一旦切断污染源,被破坏的生态系统能够在短时间内得到自我恢复,从而维持整个生态系统的平衡。

(三)湖泊生态系统

湖泊是由湖盆、湖水及水中所含的矿物质、有机质和生物等所组成的复杂的生态经济系统,是自然万物和人类文明的繁盛之地。湖泊萎缩、湖泊的污染以及生态环境的恶化等,特别是其中严重的富营养化问题,导致湖泊水资源的减少,反过来进一步影响了湖泊生态。

湖泊生态系统是湖泊生物群落与大气、湖水及湖底沉积物之间连续进行物质交换和能量传递,形成的结构复杂、功能协调的基本生态单元。湖泊生态系统如同河流等生态系统,是淡水生态系统。湖泊生态系统通常相互隔离,一般分流水和静水两类,流水又分急流和缓流两类,从急流到缓流是逐渐过渡的。急流水中含氧量高,底多岩石,生产者以固着性藻类为主,消费者以水生蚊虫、蜻蜓、小型鱼类等为主。缓流中底多污泥,易缺氧,生产者除浮游植物外,还有高等植物。静水的特点是由边缘向中心水深逐渐增大。水面越开阔,深度越大,有机物和泥沙含量就越少,水层越清澈,没有根生的高等植物,生产者全为浮游藻类,消费者以鱼类为主。

第二章　悠久的治水历史

第一节　水利是推动社会经济发展的基础力量

水利在中华民族的生存与发展中有着特别重要的地位和作用，一部人类发展史就是一部人与水的相容相争史。兴水利、除水害，事关人类生存、经济发展、社会进步，历来是治国安邦的大事。几千年的历史表明，我国人民通过兴修水利、治理江河，才一步一步地开拓疆土，繁衍人口，发展经济，建设国家。

一、水利发展与生产力的发展相互促进

水利的发展，首先同生产工具的发展密切相关。我国自原始氏族社会开始，经历了漫长的石器时代。与石器生产工具相适应，水利事业也经历了漫长的原始阶段。在这个阶段中，人们只是在比较易于施工的黄土平原上开挖小型的沟洫和陂塘从事农业灌溉，在较小的范围之内修筑一些原始堤坝，抵御洪水。虽然随着人类活动范围的扩大，原始水利就其规模和数量在不断地发展，但人们还不能摆脱主要是靠天的状态。“琴瑟击鼓……以祈甘雨”，“有渰萋萋，兴雨祈祈。雨我公田，遂及我私”，《诗经·小雅》中这一类的诗句反映了当时人们盼天降雨的情况。在长期实践中，人们逐步认识到，天是靠不住的，水旱灾害经常发生，必须备水防旱，止水防淹。“以潴蓄水，以防止水”，是在当时生产水平下人们同水旱灾害作斗争的有效办法。

石器时代以后出现的青铜器时代，标志着社会又向前发展了一步，它为铁器出现奠定了基础，并推进了原始水利工程的发展，使原始的、分散的小陂塘、小水沟发展成初步的灌溉系统。但是，青铜工具还不能

为大型水利工程提供最基本的条件。在青铜器时代,还看不到大型水利工程。

铁制工具的出现则不同,正如恩格斯所说:铁使更大面积的农田耕作,开垦广阔的森林地区,成为可能;它给手工业工人提供了一种其坚固和锐利非石头或当时所知道的其他金属所能抵挡的工具。所以,到了春秋战国时期铁制工具逐渐代替了几千年来的旧的工具,而宣告石器时代和青铜器时代的结束,使春秋战国时期整个社会生产力提高到一个新高度。生产力大发展推动了社会的大变革,剩余劳动更多地出现,使从事较大规模的工程建设成为可能,而大量的铁制工具则为大规模的、艰巨的施工提供了最重要的手段,大型水利工程开始出现,我国的水利事业也发展到一个划时代的新阶段。这个新阶段是以众多的著名大型水利工程的出现和水利事业领域的扩展为特点的。在楚国,修建了我国最早的大型灌溉工程——芍陂灌溉工程。这是摆脱靠天祈雨而求得更有效的在较大范围内实行稳定灌溉的重要开端。

由于铁制工具的广泛使用,黄河下游地区得到进一步开发,耕地面积进一步扩大,黄河沿岸的村庄市镇大量兴建,对黄河的防洪提出了新的要求,也便产生了较大规模的堤防工程。

生产工具的改进也为水运的发展提供了新的条件,以邗沟和鸿沟为代表的较大运河的出现,为我国水利发展史开辟了一个与灌溉及防洪同样重要且规模更大、更为艰巨的领域,对社会的文明进步产生了更为深远的影响。邗沟和鸿沟的建成,首次沟通了长江与黄河、淮河两大流域的航运,开辟了南北水路交通运输的道路,对当时以及后代的社会进步都有着重大的意义。

生产工具的改进与发展,一方面为水利事业的发展创造了先决条件,另一方面又对水利发展提出新的要求,促进水利事业向新的高度继续发展。

二、水利发展与社会变革相关联

纵观我国几千年的社会发展史,我们可以清楚地看到,一方面水利作为社会生产力的一部分直接作用于社会,引起社会的变革;另一方面社会的变革又反过来影响水利事业的发展。战国时期，秦国兴建的大型水利工程，对秦国实现国家统一起了重要作用。司马迁对郑国渠曾这样评价说："渠就，用注填淤之水溉泽卤之地四万余顷，收皆亩一钟。于是关中为沃野，无凶年。秦以富强，卒并诸侯。"司马迁对当时历史条件下大型水利工程对社会进步的影响所作的评价，是值得我们重视的。

水利不仅直接影响社会的政治生活，也影响着人们的思想。一项巨大的水利工程，往往伴随着唯物主义与唯心主义激烈的思想斗争。战国时期西门豹主持漳水十二渠灌溉工程的兴建，不但使邺地生产面貌为之改观，而且大破迷信河神之类的唯心主义思想。它是我们祖先在改造客观世界的同时改造人们主观世界的生动诗篇。西汉元光三年（公元前 132 年），黄河瓠子决口，当时的最高统治集团中，曾有人宣扬什么"江河之决皆天事，未易以人力强塞，强塞之未必应天"。这种唯心主义思想使洪水灾害持续 23 年，严重危害农业生产，人民流离失所，"关东饿死者以千数"。直到元封二年（公元前 109 年），通过广大劳动人民英勇奋战，才堵住了决口，这就是治黄史上著名的瓠子堵口。

同时，社会变革不断推动水利的发展，秦末陈胜、吴广领导的农民大起义推翻了秦王朝的统治，狠狠打击了当时的封建统治阶级，使西汉初期的统治者不得不执行有利于社会生产力发展的方针政策，削减赋税，鼓励生产。汉武帝发布了兴修水利的谕令，当时水利大兴，不但出现了不少"灌田各万余顷"的大型水利工程，而且小型水利工程遍及各地，出现了"用事者争言水利"的局面。水利的发展，极大地推动了汉代经济的发展，形成了我国封建社会第一个经济社会发展高峰期。

隋末农民大起义，沉重地打击了封建统治阶级，使唐代的封建统治者不得不对某些束缚生产力发展的封建生产关系作一些调整，水利事业又一次得到较大的发展。水利的快速发展，促进了当时农业的发展和生产力的发展，出现了著名的"开元盛世"。

但是，封建社会落后的社会生产关系，对水利事业发展却起着阻碍甚至破坏的作用。尤其明显的是黄河自汉代以后灾害较多，中唐以后又频频决溢，至南宋时期黄河更加紊乱，一直延续到新中国成立以前，成为华北平原劳动人民的严重威胁。其根本原因,是封建社会落后的生产关系和生产力。落后的封建社会,对社会生产力造成极大的破坏,河堤失理,决溢后又久不修治,加上中上游林木植被遭受极大破坏,水土流失日见严重,下游河床逐年淤高,等等,都成了黄河灾害的综合病因。一部治黄斗争的历史,同样是我国封建社会阶级斗争史的重要组成部分。

三、水利与区域经济发展关系密切

(一)黄河流域的开发和水利

我国奴隶制社会早期的主要政治经济地区在黄河中下游一带,这里是河流冲积形成的黄土地带。根据近代土壤科学研究,黄土具有高孔隙性和强毛细管吸收力,黄土本身含有丰富的钾、磷和石灰,具有很好的自然肥效,易于耕作,正好适合较为原始的农业生产的发展。

在长期的生产实践活动中,人们认识到同水旱灾害作斗争是发展农业生产的至关重要的事情。黄河流域属于半干旱、半湿润地区,水旱灾害经常发生,对农业生产威胁很大。但是,黄河及其支流经过了人工的改造利用以后,灌溉着亿万亩良田,孕育了我国古代光辉灿烂的文化,黄河流域成为中华民族世代生息的主要地区之一。

黄河流域一些重要经济地区的相继出现,是同水利事业的蓬勃发展紧密相连的。关中平原自商周开始至汉及唐,是我国一个很重要的经济地区。司马迁盛赞关中"膏壤沃野千里",说"关中之地,于天下三分之一,而人众不过什三,然量其富,什居其六"。可见,关中平原经过历代劳动人民的辛勤开发,一直到汉代,其土地仍然保持着优良的地力,以致它所提供的财富占当时全国相当大的一部分。关中地区之所以千百年来一直保持它作为我国古代十分重要的农业经济地区的地位,和水利事业的不断发展有着直接的关系。从《诗经》以及其他一些古籍里我们可以了解到,关中地区到了西周时代,小型的灌溉工程已经比较普遍了,人们已经在这块土地上兴建陂塘,储蓄天然雨水和河流来水,以便灌溉。

战国后期到秦汉,关中地区是秦汉都城所在地,人口逐渐增加,这里的粮食需要量也越来越大。解决这里的用粮问题，一方面固然依靠漕运，但更重要的是大力发展当地生产，扩大种植面积和提高产量，这就要求水利事业必须大发展。在这种情况下，著名的郑国渠、白渠，以及漕渠、六辅渠、成国渠等一系列大规模灌溉渠系陆续兴建起来了，于是关中可灌溉的土地面积大大增加。特别是因为泾、渭二水含有大量的泥沙，引泾、渭二水灌田不但可有效地供应农作物生长所需水量，而且可对盐碱地实行洗土放淤，进行有效的土壤改良，使盐碱地一变而成为“沃壤”。《汉书·沟洫志》写道，“若有渠溉，则盐卤下湿，填淤加肥，故种禾麦，更为粳稻，高田五倍，下田十倍”。这就是说，凡是兴建灌溉渠道的地方，原种禾麦的可改种水稻，产量可大大提高。

水利对促进关中地区经济发展的另一个重要方面是漕运。这是统治阶级最为关心的事情。关中地区到秦汉时虽号称天下财富“十属其六”，但是，为了满足当时军事用粮和关中地区人口增长的需要，关中地区仅就粮食来说，常常不能满足京师的需要。西汉时期，从外地漕运关中的粮食从最初每年几十万石增长到后期的数百万石。政府为了保证漕运任务而花在修船筑仓方面的费用，每年都有相当惊人的数字，可见当时漕运的重要。

黄河流域由于水利大发展而兴起的另一个重要经济区是河套平原。河套平原处于我国的干旱地区，在大沙漠边缘，雨量少，蒸发量大，如果没有较为稳定的灌溉条件，农作物是难以生长的。但是，这里土质条件较好，日照充足，加之这里的黄河河段沙少水清，决溢泛滥不多，对发展灌溉、开辟耕地非常有利。早在先秦时期，我国各族劳动人民就在这里劳动生息、开发土地。但在汉初，这里的开发程度还较低。为了适应在北方作战的需要，于是统治阶级便加强了对河套地区的开发，设置屯田，广开渠道，引黄河水灌溉，从“置田官吏卒五六万人”到“开田官，斥塞卒六十万人戍田之”，可以想见当时兴修水利、开辟耕地的规模不小。

秦汉以后，这里的水利工程不断得到发展，比较著名的如北魏时期开凿的艾山渠（薄骨律渠），灌田可达几万顷。

汉代以后，黄河下游河患日甚，给劳动人民带来很大的苦难，但是，河套地区却很少受到黄河灾害的干扰，加上这里不断开发，富饶与日俱增，成为黄河中下游得天独厚的地方，故有“黄河百害，唯富一套”的说法。

（二）淮河流域的开发和水利

淮河流域有着十分优越的天然条件。这里气候适宜，雨水充沛，天然水道较多，平原沃壤千里。早在原始社会，人们就在这一带活动。淮河流域经济上的重要性早在战国时期已经显示出来了。春秋战国时期动工兴建的我国早期著名蓄水灌溉工程芍陂，以及众多的湖泊开发利用工程，使安徽寿县一带万顷良田得到灌溉之利，成为当时楚国的重要产粮区。寿春（今寿县）曾一度成为楚国的都城，这与当地水利事业的兴旺和农业经济的发达有很大关系。三国时期，曹魏之所以在战乱中仍然很快地把淮河流域地区开辟为重要经济地区，与原来这个地区已建立起来的水利条件和农业基础很有关系。因此，仅仅修治芍陂，就可灌溉良田数万顷之多；而在今安徽萧县、濉溪一带“兴陂遏，开稻田”以后，“比年大收，顷亩岁增，租入倍常”。

隋唐以后到宋，由于陂塘水利灌溉事业的进一步发展，以万顷计数的良田沃壤不断被开垦，江淮地区成为封建国家最主要的经济地区之一。江淮地区的农作物主要是水稻，因而对水利事业的依赖程度更大。唐宋以后，由于封建统治阶级对经济发展的注意力逐渐转移到江淮以及江南一带，这些地区水利事业得到蓬勃发展，成为支持封建王朝的重要经济地区。当时，产米量最高的是江浙，其次是江淮，而淮南地区每年“上供”粮食的数量，也仅次于江浙，使其成为全国最重要的赋税收入地区之一。

淮河流域地区由于处在南北要冲位置，受战乱的破坏非常严重。金元以后，黄河南侵，向淮河流域泛滥日益严重，致使淮北地区灾害频繁，严重影响这一地区的经济发展。所以，淮河流域虽与江南地区具有几乎同样优越的自然条件，并曾在唐末一度与江南地区齐头并进地发展，但终不及长江下游的江浙地区。

（三）长江流域的开发和水利

长江流域是中华民族的发祥地之一，由于这里具有非常优越的自然条件，一经开发，便能迅速发展，成为我国极为重要的经济区。

被称为“天府之国”的成都平原，雨水丰沛，气候温暖湿润，岷江等河流贯穿其间，有比关中地区远为优越的稳定灌溉条件。然而，在秦以前，岷江经常泛滥，水灾连年发生，当地劳动人民迫切要求改变成都平原的现状，控制灾害，化水灾为水利，于是都江堰工程应运而生。都江堰工程建成后，成都平原万顷土地受其滋润，使得“蜀沃野千里，号为陆海。旱则引水浸润，雨则杜塞水门。故记曰：水旱从人，不知饥馑，时无荒年，天下谓之天府也”。从此以后，成都平原历时 2 000 多年，一直受益于都江堰，直到今天仍然保持着重要农业经济区的地位。成都平原自都江堰建成后迅速成为我国古代社会的重要经济区域，有力地证明了水利事业对地区经济发展的巨大推动作用。

汉水流域与淮河流域的南阳、襄阳、汝南一带，是两汉时期兴起的一个农业经济区，促使这一地区经济发展的重要原因之一是水利的大发展。在两汉期间，这里兴修了一系列的水利工程。西汉后期南阳地区曾“开通沟渎，起水门提阏凡数十处，以广溉灌，岁岁增加，多至三万顷，民得其利，蓄积有余”。这里著名的水利工程如钳卢陂、六门堰等，灌溉面积有数千顷之多。又如东汉初期汝南地区修复的鸿却陂，灌田数千顷。由于水利大兴，水力机械也有发展，如东汉时期南阳地区就“造作水排，铸为农器，用力少，见功多，百姓便之”。水利事业发展了，农业收成有了保证。

三国时期，长江中下游经过初步开发，已经显示出强大的经济潜力。当时东吴在兴修水利与屯田方面虽不及曹魏的规模和成效，但在东吴所属的现在南京太湖一带曾经造成“其四野则畛畷无数，膏腴兼倍……国税再熟之稻，乡贡八蚕之绵”的繁荣景象。是时，东吴利用长江下游河道如网、湖泊成群的有利条件，在以往兴修水利工程的基础上，发展了一些中小型水利工程，促进了农业的发展。

宋明两代，以江浙为最富，江浙一带又以太湖地区甲于天下，“苏湖熟，天下足”这句话，充分反映了这一地区的经济地位。同样明显的是，江南地区经济的迅速发展，同水利事业的兴旺发达是分不开的。这个地区的水利不但包括灌溉、排涝、治河、航运等各个方面，而且结合南方的自然特点，大力发展了海塘工程，特别是遍布南方各主要湖区的圩田，使水利领域大为扩展，其所收效益，非常巨大。王祯《农书》上说："凡一熟之余，不惟本境足食，又可赡及邻郡，实近古之上法，将来之永利。富国富民，无越于此。"

第二节　古代山东水利的发展

兴修水利，与水旱灾害作斗争，历来是我国治国安邦的一项重要措施。大禹治水的传说，人人皆知。山东古为齐鲁之邦，地处黄河下游，水旱灾害频繁，早在春秋时期，齐桓公称霸，即"惟水事为重"；《管子·度地》一书中说道，"善为国者必先除其五害……五害之属，水最为大"。山东省的治水活动，自有历史记载的春秋时起，迄今已有2 000多年的历史。2 000多年来，山东人民在治水活动中付出了艰辛劳动，取得了辉煌的成就。

一、防洪及河道治理

(一)黄河流域治理

黄河是中华民族的摇篮，黄河流域是中华文明的发祥地。历史上黄河流经山东境内，最早始自周定王五年(公元前602年)黄河第一次大改道后。此后直至金章宗明昌五年(1194年)黄河南夺淮泗前，其间长达1 700余年，为北流入渤海期，流经鲁西北地区。黄河南夺淮泗后直至清咸丰五年(1855年)黄河铜瓦厢决口改道前的660年间为南流夺淮时期，流经山东西南部边沿。清咸丰五年黄河铜瓦厢决口后改道经山东入渤海。

战国时，黄河下游河道的堤防已具相当规模。当时，黄河流经鲁西北，"齐与赵、魏，以河为竟，赵、魏濒山，齐地卑下，作堤去河二十五里。河水东抵齐堤，则西泛赵、魏。赵、魏亦为堤去河二十五里。虽非其正，水尚有所游荡，时至而去，则填淤肥美，民耕田之。或久无害，稍筑室宅，遂成聚落。大水时至漂没，则更起堤防以自救"(《汉书·沟洫志》)。在相传为齐国名相管仲所撰的《管子·度地》篇中，对堤防修筑有详尽的记载。

汉代黄河，与先秦比较，决溢记载增多，河道变换也比较频繁。西汉时期对黄河堤防颇为重视。西汉时设有河堤都尉、河堤谒者等治河官职，沿河各郡专职防守河堤人员，有数千人，多时达万人以上。每年都要用很大一部分经费筑堤治河，据《汉书·沟洫志》载，“濒河十郡，治堤岁费且万万”。当时黄河堤防的规模，史书记载很少，从《汉书·沟洫志》中仅知淇水口（今滑县西南）上下，堤身“高四五丈”，相当于9～11 m，可见汉代黄河堤防规模已相当宏大。

西汉时，山东境内有两次著名的黄河堵口工程，后来，黄河上常用的“平堵”和“立堵”两种堵口方法，就是在其基础上发展形成的。一是瓠子堵口：元封二年（公元前109年），汉武帝使“汲仁、郭昌发卒数万人塞瓠子决”（《史记·河渠书》），这次堵口采取“下淇园之竹以为楗”的方法，类似近代的桩柴平堵法。二是东郡堵口：“汉成帝建始四年（公元前29年），大雨水十余日，河决馆陶及东郡金堤（金堤，汉时泛指黄河大堤）。凡灌四郡三十二县，王延世为河堤使者，延世塞以竹落，长四丈，大九围，盛以小石，两船夹载而下，三十六日堤成，改元河平”（《历代治黄史》）。王延世采用的竹石笼堵口方法，与近代的立堵法相似。

东汉时有著名的王景治河。《后汉书·王景传》载：永平十二年（69年），“夏，遂发卒数十万，遣景与王吴修渠筑堤，自荥阳东至千乘海口千余里。景乃商度地势，凿山阜，破砥绩，直截沟涧，防遏冲要，疏决壅积，十里立一水门，令更相洄注，无复溃漏之患。景虽简省役费，然犹以百亿计。明年夏，渠成”。这次治河，是一次综合性的治水活动，既治理了汴渠，也治理了黄河。这次系统地修筑黄河千里堤防，从而固定了黄河两次大徙后的新河线，使黄河决溢灾害明显减少，出现了一个相对的安流时期。

三国、两晋、南北朝时期，由于黄河流域分裂割据，战乱频繁，史书上关于治黄活动的记载很少。

隋唐时期，治理黄河的记载也不多。涉及山东境者有两次。一次是唐玄宗开元十年（722年）六月，“博州（治聊城）黄河堤坏，湍悍洋溢,不可禁止”。唐玄宗命博州、冀州、赵州三州地方官治河,并命“按察使萧嵩总领其事”。看来此次治理规模不小,但治理情况史书却无记载。再是开元十四年(726年)济州(治卢县,今东阿县西北)治河,《新唐书·裴耀卿传》称裴任济州刺史时,“大水,河防坏”,“诸州不敢擅兴役”,而裴耀卿在未奉朝命的情况下率领群众抢护,并“躬护作役”。工程进行中,他接到调任宣州刺史的朝命,怕其走后工程完不了,没有立即宣布他调职的消息,督工愈急,直至“堤成”才离任。

北宋时期,由于都城开封在黄河下游,河患与当朝者的利害关系密切,宋王朝对黄河的治理比较重视,在防洪措施、堤埽修筑技术等方面有较大发展。北宋时期,黄河下游河道有几次较大变化:一是宋仁宗景祐元年(1034年)七月,黄河于澶州横陇埽决口,河水于决处离开京东故道,另冲出一条新河,流至平原一带,由棣州、滨州以北入海,宋人称“横陇故道”。决口久不复塞,行水近14年。二是仁宗庆历八年(1048年),黄河在澶州商胡埽大决,河水改道北流,至乾宁郡(今河北青县)入海,宋称“北流”。三是仁宗嘉祐五年(1060年),北流大河于大名第六埽决口,分出一道支河,名二股河。下流“一百三十里,至魏、恩、德、博之境,曰四界首河”,下合笃马河自无棣东入海。宋人称二股河为“东流”。

元朝建立后,黄河河患日益严重,不断地堵口和修筑黄河堤防,在元成宗大德年间(1297~1307年),甚至“塞河之役,无岁无之”。元代治理黄河著名且有成效者,首推至正年间的贾鲁治河。

至正四年(1344年)五月,黄河于白茅口决堤,六月又北决金堤,泛滥达七年之久,“方数千里,民被其害”。此次决口,水势北侵安山,延入会通河,鲁西南一带灾情非常严重。白茅决河后,贾鲁奉命“循行河道,考察地形,往复数千里,备得要害,为图上进二策:其一,议修筑北堤,以制横溃,则用工省;其一,议疏塞并举,挽河东行,使复故道,其功数倍”。至正九年(1349年)冬,脱脱复任丞相奉命召集群臣议治河事宜,脱脱同意贾鲁疏塞并举,挽河东行复古道的后策,下决心治理,并不顾工部尚书的阻挠,报请元惠宗批准,至正十一年(1351年)四月初四日,“下诏中外,命鲁以工部尚书为总治河防使,进秩二品,授以银印。

发汴梁、大名十有三路民十五万人，庐州等戍十有八翼军二万人供役”（《元史·河渠志》），开始了治理黄河工程。

明代前期的130余年间，黄河决溢频繁，河道紊乱，河患多发生在河南境内。黄河大部分多流入黄海，少部分时间东北流经寿张穿运河注入渤海。明代在治河策略上重北轻南，以保漕为主。为防止黄河北决冲淹运河，多次在北岸修筑大堤，尽量使黄河南流，接济徐淮之间的运河。同时在南岸多开支河，以分黄河水势。“北岸筑堤，南岸分流”是明代治河的主要措施。

明代宗景泰四年（1453年）十月，以沙湾久不治，致运河漕运受阻，令左佥都御史徐有贞治理。徐有贞至沙湾后，提出置水闸、开分水河、挑深运河的治河三策，“设渠以疏之，起张秋金堤之首……凡数百里，经澶渊以接河、沁，筑九堰以御河流旁出者，长各万丈，实之石而键以铁”（《明史·河渠志》）。同时，还对沙湾至临清、济宁间的河道进行了疏浚，并于东昌的龙湾、魏湾建闸，以启闭宣泄，自古河道入海。此次治河，采取了疏、塞、浚并举的措施，于景泰六年（1455年）七月竣工。此后“河水北出济漕，而阿、鄄、曹、郓间田出沮洳者，百数十万顷”（《明史·河渠志》），山东河患一度少息，漕运得以恢复。

明代后期河患移至曹、单、沛县及徐州一带，治河活动比初期增加，工役接连不断，仍以“保漕”为主，又加嘉靖年间出现的“护陵”，使治河工作更加复杂。涉及山东的黄河治理者有刘天和、潘季驯等，特别是潘季驯采取的“束水攻沙”方策对后代治黄影响很大。

潘季驯是明末著名的治河专家，在明嘉靖四十四年到万历二十年（1565～1592年）间，曾先后四次主持治河工作，特别是后两次，取得了显著成就。他四次治河中，不辞辛劳，深入工地，对黄、淮、运河进行了大量调查研究，总结前人治河经验，提出了综合治理的原则。他根据黄河含沙量大的特点，提出了“以堤束水，以水攻沙”的治河方策。为达束水攻沙目的，他十分重视堤防作用，把堤防工程分为遥堤、缕堤、格堤、月堤四种，并特别重视筑堤质量，规定了许多有效的修堤措施。

万历十六年（1588年），潘季驯第四次治河时，又大筑三省长堤，将黄河两岸的堤防全部连接加固，仅在徐州、灵璧、睢宁、邳州、宿迁、桃源、清河、沛县、丰县、砀山、曹县、单县等十二州县,加帮创筑的遥堤、缕堤、格堤、太行堤、土坝等工程长十三万丈,进一步巩固了黄河堤防,从而使河道基本趋于稳定,扭转了嘉靖、隆庆年间河道"忽东忽西,靡有定向"的混乱局面(《黄河水利史述要》)。

清代康熙初年,黄河不断决溢。康熙十六年(1677 年)二月,康熙命靳辅为河道总督,决心治理黄河。靳辅到任不久,就同其幕僚陈潢"遍阅黄、淮形势及冲决要害"(《河防述言·审势》),并沿途向有实践经验的人求教,经查勘后,他提出了"治河之道,必当审其全局,将河道运道为一体,彻首尾而合治之,而后可无弊也"(《治河方略》)的治河主张,提出了治理黄、淮、运的全面规划。靳辅、陈潢在治理黄河上,基本继承了潘季驯"束水攻沙"的治河思想,十分重视堤防控制,曾在黄、淮、运河两岸大力整修堤防,堵塞了大小决口。到靳辅于康熙二十七年(1688 年)去职时,"黄淮故道次第修复","漕运大通",黄河泛决的灾害,一度大为减轻。

乾隆以后,黄河形势已日趋恶化。嘉庆、道光年间,在黄河治理上成效甚微,治河官吏多为堵口抢险疲于奔命。河道败坏,治河无术。至道光末,黄河下游河道已达不可收拾的局面,咸丰五年(1855 年),黄河终于在兰阳铜瓦厢决口改道东流。

(二)海河流域治理

山东海河流域,东临渤海,南靠黄河及其支流金堤河,西、北以卫运河、漳卫新河与河南、河北两省分界。该流域系山东省黄河以北的一片狭长地带。

山东海河流域的主要河道有:徒骇河、马颊河、德惠新河和鲁、豫、冀边界上的卫运河及漳卫新河。

这些河道的形成与变迁,受黄河决口泛滥影响极大。黄河历史上 26 次大改道中,有 11 次流经这一地区。在黄泛冲击影响下,河道变迁频繁,有些河道名存实亡。

元、明、清三代定都北京,开发京杭运河以保漕运,成为国之大计。山东海河流域各河道的治理,与大运河开发密切相关。元至元二十六年(1289 年),开挖会通河,从东平县安山,北经东阿、阳谷、聊城至临清与卫运河相接。会通河在聊城县和临清县境内分别把徒骇河、马颊河截断，使运河西段数百年不能与中下游直接相通。由于运河水源短缺，元至元年间自馆陶分漳入卫，并于1448年至1697年三次疏浚；旧道淤塞后，又在内黄、大名分漳入卫，终致1708年全漳入馆陶，漳卫合流。1942年原道淤塞，改由河北省馆陶县徐万仓全漳行卫。此外，为分水"保漕"，对徒骇河、马颊河进行多次治理，均只治理运河东段，不治理运河西段，甚至禁令运西"只准报灾，不准挑河"，为汛期分泄运河涨水以保漕运。

（三）淮河流域治理

山东淮河流域亦称沂沭泗流域，北以泰沂山脉与大汶河、小清河、潍河流域分界，南与河南、安徽、江苏三省接壤，西靠淮河，东临黄海。沂、沭、泗河是宣泄山东南部及苏北洪水的3条主要骨干河道。古代泗河为淮河一大支流，流经山东、安徽、江苏三省，纳沂、沭、汴等河注淮河入海。沂、沭两河分别发源于鲁山和沂山南，并行南流于古邳州（今邳县）以西，以东汇入泗河。金章宗明昌五年（1194年）黄河在阳武决口，夺泗、淮入海，切断了沂、沭、泗的洪水出路。沿河平原洼地，形成一系列滞蓄洪水的湖泊，如南四湖、黄墩湖、骆马湖等。泗河仅余上游一段，沂、沭河经常泛滥于鲁南、苏北平原。明清以来，为增辟南北大运河的漕运水源，引水济运并控制湖水下泄，加重了苏、鲁两省的洪涝灾害。历代有识之士，曾对沂、沭、泗河治理提出过很好的建议，限于历史条件，多未付诸实施。

沂河发源于山东省沂源县，东南流经沂水县城西折而南流，经沂南、临沂、苍山、郯城等县（市）于吴道口入江苏境。新中国成立前临沂至李家庄两岸无堤防，李家庄以下堤防残缺，李家庄北右岸有武河分水口。在下游江苏沟上集有芦口坝分水口，向城河分水，城河会武河入运河。上述两分水口，历史上均用于分沂济运。

沂河治理，资料中始见于明代。明天顺八年（1464年）修筑沂河堤岸28处。清康熙三十八年（1699年）筑沂河两堤共一万六千八百余丈。乾隆八年（1743年）修邳州沂泗堤、芦口乱石坝。乾隆十二年（1747年）浚城柳、墨二河，建兰山江风口石工及芦口碎石坝，又浚沂河、修堤岸。上述明、清治理,主要是为引沂济运和保障运河安全、防止沂河溃决危害漕运而进行的。

沭河古代治理工程始为郯城县城东禹王台。禹王台为防洪水坝,位于郯城县沭河西岸坐弯迎溜险工段,始建年代不详,传说大禹为障沭水西侵犯沂所建。明正德年间(1506～1521年),沭无防御,频繁西犯沂河,水患不已。清康熙二十七年(1688年)于禹王台旧址建竹络坝,雍正、乾隆年间,加固重修过八次。在河道疏浚方面,始于明洪武初年,“常疏浚沭河,北通山东,南达淮安,以便转运”。

二、京杭运河山东段开发与治理

京杭运河全长1 800余千米,跨浙江、江苏、山东、河北、天津、北京等省(市),沟通海河、黄河、淮河、长江和钱塘江5大水系,是世界上开凿最早、路线最长的人工运河。京杭运河山东段(简称山东运河)位于其中部,因拦河闸众多又称闸河,历史上对维护和加强封建集权统治,促进南北经济及文化的交流起过举足轻重的作用。

山东运河开发始于元代。元至元年间相继开挖济州河及会通河,实现了全长350余千米的山东运河的全线沟通。但由于元代的山东运河既窄又浅,又受黄患威胁,而且水源不足,不任重载,年运量仅为三四十万石。

明初,山东运河基本淤废。明永乐九年(1411年)重开会通河,使山东运河重新通航。为使山东南部运河避开黄河的威胁,明隆庆元年(1567年)五月,完成长70 km的南阳新河。

明代加强了对山东运河的整治和管理,改建或兴建运河上拦河闸50座。沿运河还建有泄水、积水等单闸,调整了分水布局,改济宁分水为南旺分水南北济运。同时,大力开发济运水源,设水柜调蓄水量,并形成了一套较完善的管理系统,使山东运河的年运量高达400万石,成为国民经济的大动脉,并极大地促进了山东沿运地区经济的发展和工商业的繁荣。

清代对山东运河进行了多次较大的治理,对原有的拦河闸进行了维修和改建,并新建了一定数量的新闸。清咸丰五年(1855年),黄河北徙后，将山东运河截断，分为北运河和南运河，使山东运河的航运形势发生了根本变化。后因北运河临黄运口淤垫及运道淤积，无法行运。

（一）元代的开发与治理

元代建都北京，政治中心在北方，而经济中心在南方。当时长江以南的粮食及各种物资，主要靠江南运河、里运河、淮河、黄河，经过中滦至淇门间的旱路，入御河（即卫运河），实行水陆联运，以及海运供给京师。由于水陆联运运程远，难度大，既费人力，又费时间，而海运风险很大，粮船也不能预期到达，对于保证京师的供给困难很大，不利于维护其统治，迫使元代统治者设法开辟新的运输线。

山东南部的泗水是南通江淮的古航道，元统一全国前，宪宗七年（1257 年）毕辅国引汶水入洸河，至济宁，济泗水漕运。而横亘于山东中部的济水（又称大清河）是直接入渤海的大河流。如果在济宁与安山间开挖一条运河，将济、泗二水沟通起来，既可实现河海联运，又比水陆联运及海运便利得多。至元十二年（1275 年）丞相伯颜南征时，命郭守敬对后来所开山东南北运河一带的地形和水系作了一次大面积的考察与地形测量。这次调查成果，为日后朝廷下决心开凿济州河和会通河提供了基本依据。至元十三年（1276 年），丞相伯颜攻下南宋首都临安（今杭州）后，受江南四通八达水路的启发，向世祖建议："今南北混一，宜穿凿河渠，令四海之水相通。远方朝贡京师者，皆由此致达，诚国家永久之利。"（《中国水利史稿》）该建议受到世祖的重视，自此开凿运河工程逐步得以实施。

至元十九年（1282 年）十二月，工程正式动工，至元二十年（1283 年）八月，济州新开河竣工。济州河起自济州，止于须城（今东平）安山，全长 75 余千米，南接泗水，北连大清河。至此，江南的粮食及物资由徐州入山东泗水运道，经济州河入大清河，沿大清河东北至利津入海，再由海道达于天津市，实现了海与内河的联运。

由于海运粮船多有漂没之险，又起开运河之议。至元二十五年（1288 年）十月，丞相桑哥奏称，开挖安山至临清间运河长 82.5 km，以避免海运之险，并对陆运 125 km 与开运河二者作了经济比较。他认为，二者用费基本相当，然而开挖运河乃万世之利。至元二十六年

(1289 年)正月,朝廷派遣都漕运副使马之贞勘察地形,于是年正月三十日动工,六月十八日毕工。起自须城安山之西南,西北行经寿张,又北行过东昌(今聊城市),又西北行至临清,南接济州河,北接御河,全长 125 余千米。所经之处基本无自然河道可利用,共用工 251.75 万个。竣工这天,"决汶流以趋之,滔滔汩汩,倾注顺通,如复故道,舟楫连樯而下……滨渠之民,老幼携扶,喜见泛舟之役"(叶方恒:《山东全河备考》)。除开挖河身外,还修筑堤防和兴建了一系列的闸。七月,主持开河工程的张孔孙、李处巽及马之贞等,正式申奏安山渠凿成,世祖赐名为"会通河"。

会通河的完成,实现了会通河、济州河、泗水运道的沟通,形成了元代及以后各代山东运河的基本格局。

英宗至治二年(1322 年),由都水丞张仲仁主持,对临清至彭城(今徐州)长 350 km 的山东运河进行了一次全面治理,疏浚了航道上的淤塞地段,对堤防作了修筑加固,在险工地段的堤防之外又加筑了长堤,以防备暴涨洪水的危害,并在运河上兴建了供人行走的小型桥梁 156 座。这是元代对山东运河主航道一次最大规模的综合治理。元末随着黄河决溢危害运道的日趋严重,其治理工作重点变为"治黄保运"。至正十一年(1351 年),贾鲁治河后,仅使山东运河通航很短时间,因黄河多次决溢冲毁运堤和淤塞运道,而朝廷忙于战争无暇顾及运河。

(二)明代运河的开发与治理

明代,成祖朱棣迁都北京,粮食仍主要由东南转运供给京师。由于山东会通河淤塞,永乐初年仍实行水陆联运,并参用海运。永乐九年(1411 年),朝廷委派工部尚书宋礼等勘察会通河。宋礼在勘察之后,极力主张恢复会通河,并建议及早动工。是年秋,宋礼采用汶上老人白英的建议,筑戴村坝,并开渠引水至南旺分水作为辅助工程。会通河开成后,又设安山、南旺、马场、昭阳四水柜。永乐十三年(1415 年),在济宁、临清、德州等处皆建仓转输,设置浅夫,漕运浅船可直达通州(今北京市通州区),自此海运和陆运俱废,只用河运。

会通河开挖工程兴办的同时,宋礼总负责治理了黄河故道,引黄河水由鱼台塌场口入会通河,经徐、吕二洪入淮。因黄河水挟带泥沙淤积运道，宣德四年（1429 年），由陈瑄奏请疏浚了已淤浅的济宁运河，自长沟至枣林闸 60 km，并派遣官员巡视济宁以南的山东运河，在谢沟、湖陵、八里湾、南阳、仲家等浅处建闸，又在昭阳湖、南阳湖修筑长堤。除此之外，对许多山泉及湖塘进行了疏浚，以增加济运水量，此举是治运新特点。宣德八年（1433 年），由陈瑄主持疏浚济宁耐牢陂至鱼台塌场口旧运河。

英宗正统十三年（1448 年）七月黄河决溢，使沙湾一带运河淤塞和堤防溃决。冬，朝廷特命工部侍郎王永和主持治理沙湾工程，因冬天寒冷，施工困难而停工。正统十四年（1449 年）三月，仍命王永和主持治理沙湾运河，对所决堤防修筑大半，未敢全部堵塞，而是在两岸决口处设置分水闸，在西岸设两孔分水闸，以泄上游来水入运河，在东岸设三孔放水闸，用以分泄水到大清河入海。然而，1449～1452 年间，又受三次黄河决溢和一次大降雨的影响，沙湾段运河堤防随修随坏，成效不大。

代宗景泰五年（1454 年），徐有贞于十一月献上三策，即一置水闸门，一开分水河，一挑浚运河，"先疏其水，水势平乃治其决，决止乃浚其淤"（《明史·河渠志》）。皇帝应允，于是由徐有贞主持大治沙湾及运河。首先疏治黄泛所经河道，从河沁交汇处的黄河东至张秋，名广济渠，分黄济运，并筑九堰防止御河旁溢；又疏浚沙湾北至临清运河长 120 km，南至济宁运河 155 km；又于东昌的龙湾、魏湾等处兴建减水闸八座，如果运河积水超过一丈，则开闸分泄，均沿古黄河河道入于海。景泰六年（1455 年）五月完成运河疏浚，七月沙湾决口处筑堤竣工，至此沙湾决口达 7 年之久始塞。此工程"凡费木铁竹石累数万，夫五万八千有奇，工五百五十余日。自此（黄）河水北出济漕，而（东）阿、鄄（城）、曹（州）、郓（城）间田出沮洳者，百数十万顷"（《明史·河渠志》）。自此至弘治元年（1488 年），山东北部运河未受大的水灾。

弘治六年（1493 年）二月，以布政使刘大夏为右副使治张秋运河。刘大夏采用的方法是疏浚决口段黄河，减弱水势，然后堵塞决口。弘治七年（1494 年）五月，朝廷又命太监李兴、平江伯陈锐协助刘大夏共同治张秋运河。首先对黄河决口及淤垫处疏导，使水势流畅，并使一部分黄河水南导分两路入淮水,这样使张秋的水势大大减轻。弘治八年(1495 年)正月,为确保张秋运河不受黄患和畅通,刘大夏又主持堵塞黄河上金龙口、黄陵岗等 7 处决口,并在黄河北岸筑长堤为屏障。自此至明末长达 150 年中,山东北部及张秋运河无大患。

神宗万历十六年(1588 年)四月,朝廷第四次起用潘季驯为总河,大力兴办黄、淮、运各工程。于万历十七年(1589 年)完成的治运工程有:修筑五湖堤共计 101 km,修闸 4 座,斗门 10 座,筑土石坝 5 座。

(三)清代的运河治理工程

清代山东运河的路线没有大的变化,只是在明代运河基础上,进行了大量的维修、疏浚及加固工程。咸丰五年(1855 年)黄河北徙后,改变了山东运河的航运形势,船只除沿运河航道穿黄行运外,南运河(即黄河以南运河段)因临黄段淤垫所阻,常绕行盐河(即汶河戴村坝以下北支,亦称大清河)入坡河,由黄河北岸的八里庙入原运河;北运河至光绪初年始移八里庙运口陶城铺,并开新运河至阿城镇,这种形势延续到民国初年。

顺治七年(1650 年)八月,黄河水溃沙湾运堤,运道受阻。顺治八年(1651 年),秘书院学士杨方兴总督河道,用方大猷的建议治黄筑堤,堵塞沙湾决口,并募夫挑运河。顺治十六年(1659 年),在韩庄闸上下的运河西岸,自湖口闸坝以北筑湖面石护坡,坡长 1 414 m。

乾隆十八年(1753 年),修济宁天井闸及济宁南门草桥两段运河大石工,修嘉祥县运河东岸碎石工,以及寺前闸上下、金线闸以北、又迤北利运闸三段碎石堤,修临湖碎石堤,并拆修韩庄闸上下湖面大石工 4 km多。乾隆二十二年(1757 年)正月,张师载任河道总督,以微山湖为中枢,大兴运河以北水利工程,疏浚运河航道,挑挖分洪河道,规模是比较大的。疏浚运河自石佛闸至临清,又石佛闸南至台庄,以水深八尺为度,对韩庄以下的德胜、万年等 8 闸月河进行了疏浚。乾隆二十三年(1758 年)兴建微山湖口滚水坝,该坝在湖口闸北,长 96 m,中间砌石垛 14 座,上搭桥梁以便迁挽船只;重修山东运河上的寺前、韩庄等闸;增建运河寺前闸下东岸一段,通济闸下两岸两段,济宁济安台西岸一段,南门下西岸一段,天井闸上下东岸三段,在城闸上西岸一段等石工;

修建独山湖十八水口、昭阳湖运水入湖单闸6座及马家桥；修建彭口闸迤下东岸张阿上下2个涵洞，泄坡水入运河；创建滕县（今滕州市）境运河上彭口闸，并建彭口对岸刘昌庄双减水闸，以泄彭口山河水入运河，并筑沛、滕、薛三县运河两岸土石工90余处。

1868年、1869年、1871年三次大的黄河决溢，使南运河受害甚重，堤埝残缺，而北运河淤阻日趋严重。南来船只由安山镇的三里堡绕经盐河，穿黄河于北岸八里庙达张秋运河北上。同治十一年（1872年），对山东运河上的堤防缺口进行补筑，挑挖安山、三里堡、沈家口运河航道，并挑浚十里堡及张秋拦黄坝各段淤浅河道。至光绪初年（1875年），才在十里堡运口建闸防御黄水灌运，并控制船只进出黄河。自此江北漕由河运，江南漕由海运。

三、农田水利的发展

山东省地处黄淮海平原，土地宽广，气候宜人，又有一定的水源条件，非常适合发展农业生产，但是受地理、土壤及气象等自然条件的影响，也存在着旱涝盐碱的灾害，干旱灾害几乎年年发生。因此，兴修农田水利工程，抵御自然灾害，是发展农业生产的重要措施。

山东省灌溉工程的建设具有悠久的历史。据史书记载，早在战国时期，齐国就开挖了济淄运河，除了行船还可以灌溉农田。公元前109年，西汉时，堵塞黄河瓠子决口以后，“用事者争言水利……东海引钜定（在今寿光市境内），泰山下引汶水，皆穿渠为溉田，各万余顷”（《史记·河渠书》）。这是山东省大型引湖、引河灌溉工程的开端。琅玡郡稻县（今高密市境内）引潍河水灌溉种稻万顷。

唐贞观年间，在现在的峄城区“筑十三陂蓄丞水、泇水二水灌田”（《淮系年表》），这是山东地区最早的库塘灌区。

宋朝的建立，结束了五代十国时期的割据局面，控制了中原和南方的广大农业经济区。熙宁年间，以王安石为首的有识之士，掀起了一场声势浩大的变法运动，给农田水利建设带来强大的活力。由于“灌溉之利，农事大本”，所以发展农田水利被列为变法理财的重要内容之一。熙宁二年（1069年）十一月，北宋政府颁布了《农田利害条约》，农田水利建设形成热潮,尤其是河北、山东、河南等北方的放淤活动,规模空前,成为古代农田水利史上的壮举。伴随农田水利工程的广泛兴修,许多荒芜之地重新得到开发和利用,成为农产基地。熙宁四年(1071年)在济州(今山东巨野县)、濮州(今山东鄄城县北)一带修复南李堰、马陵泊等排灌工程,使四千二百余顷农田得到有效灌排,当年夏秋就收获麦豆二三百万石。

南宋宝祐五年(1257年),当时元朝尚未统一中国,为供应军粮,毕辅国在今宁阳罡城西北汶水南岸修一斗门,引汶水入洸河,南流至济宁。同时,在兖州城东泗水右岸建黑风口斗门,引泗河水沿府河西去,至济宁东与洸河合流至济宁,以济古泗水运道,且用于灌溉济宁、兖州农田,达到综合利用。

明嘉靖四十四年(1565年),在淄川城东南般阳河上游,筑石为坝障水,利民灌园种树,时人称之为"官坝"。

金代开挖的小清河,至今除入海的一段南移外,基本保持了原来的河线,历来是一条排洪、除涝、灌溉、航运多目标利用的河道。

第三节　近现代山东水利的发展

1840年,鸦片战争以后,中国进入半殖民地半封建时代,中国人民在奋起反击侵略,追求国家独立和强盛的同时,也在吸收和消化一切先进的理念和技术发展经济,古代传统的水利到了必须改革的历史关头。

一、近代水利的发展

1840年至1949年,虽然短暂与动荡,但与之前相比,山东水利事业还是有所发展。一些爱国知识分子引进西方水利科学技术,兴办水利教育,开展水文测验、水利勘测与规划等基础工作,编制过一些除水害、兴水利的工程计划,也兴建过一些新型水利工程,水利科学技术有所进步。

(一)水利工程建设

中华民国成立以前,由于帝国主义的入侵和军阀混战,政治动荡,水利建设甚少。自1927年国民政府成立,到1937年抗日战争爆发的十来年间,山东政局比较稳定,是民国时期山东水利建设的黄金年代。1929年济南东门外护城河上建成了山东第一座水力发电站。1930～1932年对小清河进行了整治,修建了边庄、五柳两座新型船闸。1930年,山东省建设厅曹瑞芝倡导修建虹吸工程,引黄河水沙淤改沿黄涝洼盐碱地。1932年省建设厅派李象震等人查勘山东沿黄沙碱地,并由曹瑞芝主持完成《山东黄河沿岸虹吸淤田工程计划》。计划将山东沿黄26处共计11万 hm^2 涝洼盐碱地淤改为良田,当年10月历城王家梨行试办虹吸工程动工。1934年春,齐河红庙、青城马闸子、蒲台王旺庄三处虹吸引黄工程相继开工,同年秋先后竣工,建成后试放水效果良好。不久,抗日战争爆发,黄河决花园口,山东黄河断流,虹吸工程废弃,直到新中国成立后才得到大力发展。虽然现在虹吸引黄工程已逐渐被引黄涵闸所替代,但它在历史上曾发挥过的作用和地位是不应抹杀的。

为改善小清河航运,1931年山东省建设厅编制《整理山东小清河工程计划大纲》,拟在全河设船闸9处,使小清河成为渠化航道。在民国期间建成两处,即1932年省建设厅小清河工程局修建的边庄、五柳两闸,这是山东省最早应用现代科学技术修建的船闸。五柳闸上下游水位差3.3 m,闸口宽9.2 m,闸室长100 m,可容一拖船及二驳船。闸室用水泥砂浆砌石建成,并附设浆砌石拱涵洞,以备闸室内充水和泄水之用,内装铁滑门以便启闭。上下游闸口各设木闸门两扇,并在每扇门上附设铁制蝴蝶式水门两个,与闸室内涵洞同时启闭,以增加泄水量,节省通航时间。1931～1933年,全面疏浚了鲁北和鲁西平原河道。1932～1934年,兴建了王家梨行等四处虹吸引黄工程,为全国首创。1934～1936年,疏浚山东北运河,并兴办黄河与北运河联运工程,由于抗日战争爆发,工程中断。这一段时间主要治水工程是浚河筑堤,以防洪除涝减灾安民。据不完全统计,经省建设厅督修者,共浚治河道33条,计2 380 km,完成土方9 862万 m^3。

抗日战争期间,山东沦陷,水利失修。抗日战争胜利后,国统区于1946年初在省政府建设厅下设水利局,主管全省水利,曾拟就若干水利复兴计划，例如1946年编制的《弥河下游寿光等县洗碱工程计划》，拟在洪水期引弥河、淄河水洗盐、淤灌，改良濒临盐碱荒地7.5万hm^2；《整理山东运河简略工程计划》，拟完成黄运交汇处运河穿黄潜管及船闸工程，并利用东平湖为蓄水库，引汶水穿黄以济山东北运河、恢复南北运河航运及发展运河沿岸农田灌溉；《整理胶莱运河工程简要计划》，拟重开胶莱运河等。计划相当宏伟，但大多数未能实施。

与此同时，解放区省政府亦于1946年1月在实业厅下设水利队，领导解放区人民浚河复堤，兴修小型农田水利工程，特别是从1946年开始的黄河堤防工程和1949年开工的导沭工程，都是数十万民工上阵，在新中国成立前就揭开了山东人民大规模水利建设的序幕。

在抗日战争胜利后至新中国成立前这段时间，山东解放区为保护人民生命财产安全和发展生产、支援解放战争，做了大量治水工程。首先，由国民政府决定并于1946年2月动工堵复黄河花园口，黄河回归山东故道。而山东黄河故道已断流八年，河床内有数十万人居住和耕作，两岸堤防经战乱破坏和风雨侵蚀，已是沟壑纵横、残破不堪。为保护山东黄河两岸人民生命财产安全，冀鲁豫与渤海解放区人民政府领导人民进行了复堤工程。1946年5月，山东省第一期复堤工程开工，渤海解放区沿黄地区及邻近的19个县出民工20万人施工，于7月底完工，按1938年前黄河大堤原状修复并普遍加高1 m。1947年3月，黄河花园口堵口合龙，黄河回归山东故道，至24日，泺口流量已达到11 673 m^3/s。同年5月，渤海解放区又组织民工进行第二期复堤工程。1948年春至1949年，又继续进行了第三、四期复堤工程。渤海解放区人民先后四期复堤工程，共修复和加高培厚黄河两岸大堤500 km，垦利以下河口地区接修新堤73 km，总计完成土方1 421.4万m^3。

新中国成立前，山东解放区动工兴建的另一大型水利工程是导沭工程，即开挖新沭河导沭经沙（河）入海，同时开挖分沂入沭水道，将沂河部分洪水东调入海。一期工程于1949年4月开工，调集民工20万人施工，至5月中旬完工，完成土方258万m^3。除治黄和导沭工程外，山东解放区还进行了胶莱河裁弯、培堤，潍河护险，徒骇河、卫运河等河道的疏浚复堤工程。据不完全统计，从 1946 年 1 月至 1949 年 9 月新中国成立前，山东解放区共完成水利工程土方 2 342 万 m^3。

（二）水利科技的进步

近代山东水利科学与技术的进步，主要体现在水文测验、勘测与规划等前期工作的开展，新型水利工程的兴建，水利工程机械的试制等方面。

1. 水文测验工作的创始和发展

1914 年，山东省南运湖河疏浚事宜筹办处成立，兼管全省水利，开始设站进行水文观测。1915 年 4 月至 8 月，先后设立了南运河济宁、泗河金口坝、大汶河南城子等水文站，这是山东省有史以来首批设站进行水位流量测验工作。此后，顺直水利委员会、华北水利委员会、黄河水利委员会、江淮水利测量局以及山东省建设厅运河工程局、小清河工程局等单位分别在卫运河、黄河、小清河、沂沭汶泗及南四湖等河湖设置水文站和水位站，并在一些城镇设立雨量站。至 1937 年，全省已设水文站 43 处，水位站 36 处，雨量站 84 处，水文站一般测验项目为水位、流量，其中有 5 个站加测含沙量，有 8 个水文站进行降雨、蒸发、气温、风向、风力及天气现象观测。虽然当时水文站点的布设缺乏统一规划，测验项目还不够全面，但从无到有，发展较快。

抗日战争时期，山东沦陷，原设水文站大多遭到破坏。抗日战争胜利后，国民政府接收和恢复了一些水文站的观测工作，至 1948 年 9 月济南解放时，山东国统区有水文站 5 处，水位站 6 处。山东解放区水利部门也接管了日伪和国民政府部分水文站，并根据除害兴利需要，恢复和增设了部分水文站，至 1949 年 10 月中华人民共和国成立时，全省共有水文站 6 处，水位站 24 处，尚未恢复到抗日战争前水平。

2. 勘测规划工作的开展与进步

1915 年山东省南运湖河疏浚事宜筹办处组织人员，应用现代科学技术对山东南北运河、沿运湖泊及汶河、小清河等进行了勘察与测绘。此后，顺直水利委员会、黄河水利委员会及江淮水利测量局等单位，相继对山东省的有关河道进行测绘，山东省建设厅为河道治理、灌区开发等工程的规划、设计和施工，也进行了大量的勘察与测绘工作。民国期间,在勘察、测绘及广泛收集水文资料的基础上,编制了若干流域治理和重大工程建设规划,并且在规划的指导思想和内容方面逐渐有所进步。例如,民国四年编制的《山东南运浚治规划》,虽然其指导思想是“治运应先分治汶、泗,然后浚治运河本体”,不局限于单一地治理一条河道,但仍然局限于单项的河道整治工程。到 1931 年,山东省建设厅运河工程局编制的《整理运河工程计划》则已发展到流域性的综合治理规划。该规划第一、二期工程以减除鲁西南地区水灾为目的,主要工程项目是整理汶河、泗河、南运河及沿运湖泊,改建南四湖湖口双闸,整理韩庄运河以备排洪,整理鲁西各排水河道以消除涝灾;第三期工程包括整理北运河,修建徒骇河、马颊河等穿运工程,兴办鲁西灌溉工程,改革不牢河及伊家河为灌溉渠或排洪河;第四期工程包括运河穿黄工程,展宽运道,改建船闸,修建汶、泗上游水库及灌溉工程;第五期工程包括其他支流灌溉工程,发展水电以及河堤植树等工作。从上述五期工程安排可见,该规划已由单项治理规划发展到排洪、除涝、灌溉、航运、发电等综合开发利用的总体规划,从一条河道的治理规划发展到水系或流域的全盘治理规划。该规划当时未能实施,而规划中的大多数工程项目,如运河及沿运湖泊治理、韩庄运河扩大、湖西河道治理、湖东河道上游水库建设、灌溉和发电工程等,均已在新中国成立后完成。

此外,1932 年山东省建设厅按水系将全省划分为 18 个水利区,每区设水利专员,直接隶属省建设厅,主管该区境内水利事业的勘测、计划、施工事宜。各水利区有各自的特点,可因地制宜地进行水利开发。这可以说是山东早期的水利区划。

3. 水利工程机械的试制

几千年来,山东省浚治河道都是人工挑挖,时至民国始试制浚河机械。1932 年 12 月,由省建设厅投资,山东交通水利机械厂试制的链斗式挖泥船“济南号”建成,该船功率为 22 马力(约 16.18 kW)。1933 年,仍由省建设厅投资,由济南陆大铁工厂建成 120 马力(约 88.26 kW)链斗式挖泥船两艘,定名为“黄台号”、“石村号”。以上三艘挖泥船曾应用于小清河疏浚工程,虽然没有发挥显著效益,但向施工机械化方向迈进了一步。

二、现代水利的发展

新中国成立以来，在党和人民政府的领导下，山东广大群众，大规模、连续性地开展了水利建设，使全省的水利面貌发生了翻天覆地的变化，已基本建立起全省防洪除涝、农田灌溉、城乡供水、水土保持等体系框架，初步改变了"大雨大灾、小雨小灾、无雨旱灾"的局面，昔日水旱灾害严重、荒碱涝洼遍野的山东大地，变成了山清水秀、五谷丰登的鱼米之乡。黄河防洪成就辉煌，山区水库、平原机井星罗棋布，引黄灌区旱涝保丰。大型跨流域引黄济青、胶东调水、南水北调东线工程的建成，大大地改变了山东水资源状况。截至2010年，山东省修建水库6 285处，蓄水能力154亿 m^3，有效灌溉面积发展到492.67万 hm^2，占耕地面积的64.6%，拥有排灌动力机械1 400多万kW，各主要河道排洪能力增加5～10倍。由于防洪除涝能力的提高和灌溉面积的增加，60年累计增产粮食3亿t，并保护了京沪、胶济等铁路干线畅通和主要城市的防洪安全。新中国成立以来，山东水利发展大体经过了以下几个阶段。

（一）新中国成立初的"三年恢复"至"大跃进"时期

中华人民共和国成立初期，山东水旱灾害频繁，尤其是黄淮海地区灾情严重。1949～1952年，水灾不断。此时，首要的任务是恢复生产、安定社会。控制水旱灾害成为一项极为重要的工作。每年全省动员上百万人进行水利建设，恢复水利工程。水利工作的方针任务是防治水害，兴修水利；重点是防洪排涝，治理河道，恢复灌区。在受洪水威胁的地区着重于防洪排水，在干旱地区着重于开渠灌溉，以发展农业生产，达到发展生产力的目的，使新中国成立后山东水利事业得到全面发展。

这个时期，水利工程得到了全面恢复和发展，对农业和国民经济起到了良好的推动作用。所开展的水利工程重点建设项目包括：大规模治理淮河；对黄河下游堤防进行了全面整修加固；在百万余亩荒碱地上，建立起科学的引黄灌溉、排水系统；在全省各主要河道上，百余座大中型水库群，以惊人的速度拔地而起；多种多样的群众性小型工程，也如雨后春笋蓬蓬勃勃地建立起来。这些水利工程,极大地缓解了水旱灾害的严重局面,对安定社会、恢复生产发挥了巨大作用。另外,从1953 年起,山东省全面开展了江河流域规划的制定工作,全省还进行了大量的中小型河流的规划,这些都为以后的发展打下了基础。

"大跃进"时期,全省范围内兴起了大办水利的运动。全省人民付出了艰辛的劳动,共投工 25.7 亿个,完成土方 19.3 亿 m^3,国家投资7.3 亿元,建成大中型水库 115 座、小型水库 3 812 座、塘坝 8 566 座,建成大中型灌区 17 处以及南四湖二级坝、韩庄枢纽和黄河位山枢纽工程。工程投入之大和完成工程数量之多,在山东水利史上都是空前的。已建成的水利工程,为山东水利事业的发展创下了一份丰厚的"家业",特别是山谷水库建设,为山丘区除水害、兴水利奠定了基础,成绩很大。但由于过于追求数量和进度,物资缺乏和技术力量不足,有些工程没有科学论证就仓促"上马",违反基建工程程序,采用"三边"(边勘测、边设计、边施工)方式搞建设,工程质量得不到保证,留下许多隐患。全省大中型水库除险加固和移民安置遗留问题,在水库建成使用数十年后的今天尚未完全解决。还有不少工程,如南陶洛等 20 座大中型山谷水库、太行堤等 15 座大中型平原水库、驯淄灌区等 10 处大中型灌区工程以及黄河位山、泺口、王旺庄三大枢纽工程等,半途停建或废除,造成很大的经济损失。由于灌区土壤次生盐渍化迅猛发展,1962年 3 月国务院决定停止引黄灌溉,平原地区大规模的引黄灌区开发被叫停。山东省已建成的引黄灌区除渠道建筑物和个别灌区渠道保留外,一律平毁渠道,拆除渠系建筑物,废渠还耕,浪费了大量人力、物力和财力。

(二)"大跃进"后的三年调整和第三个五年计划时期

经过 1961 ~ 1963 年对"大跃进"时期遗留问题的调整,再加上1963 年、1964 年海河流域的大水,水利工作得到了迅速恢复。为了解决粮食问题,全省开始大搞农田基本建设。山东省对水利工作提出了"发扬大寨精神,大搞小型,全面配套,狠抓管理,更好地为农业增产服务",简称"大、小、全、管、好"的"三五"工作方针,要求纠正"四重四轻",即重建轻管、重大轻小、重骨干轻配套、重工程轻实效的缺点,建设高产稳产农田,并积极解决“大跃进”中的遗留问题,使水利工作重新走上健康发展的道路,为这个时期的农业和国民经济的恢复及发展作出了贡献。

(三)“十年动乱”时期

这个时期,全省展开了大规模农田水利基本建设。在全国开展的“农业学大寨”运动中,群众性水利建设得到发展。通过建设旱涝保收、高产稳产农田,将治水和土改相结合,山、水、田、林、路综合治理,大量地平整土地,耕地田园化,山地改梯田,农田防护林建设等都取得了很大成绩,农业的生产条件得到改善,许多地方的粮食产量得到大幅度提高,黄淮海平原初步解决旱涝碱灾害。对大江大河的治理包括:对海河进行了治理,加大了排洪入海能力;在淮河上继续修建控制性水库;对黄河的泥沙问题进行了处理;大规模整治疏浚了黄淮海平原的排水问题。

这个时期,水利的正常管理同其他行业一样,也遭到大破坏,各级水利机构被撤销,大部分人员被下放,特别是科技力量受到严重摧残,教育中断,基础工作停顿,规划制度废弛,管理工作混乱。在农田基本建设中,有不少形式主义和瞎指挥现象,造成浪费;许多地方的农民劳动积累过多,影响生活质量的提高;有些地方的水利建设,再次违反基本建设程序,造成新的遗留问题。

(四)党的十一届三中全会召开到20世纪80年代末

20世纪80年代是我国改革开放、经济体制转变的时期。在拨乱反正,消除“左”的思想影响后,水利工作也进行了相应的反思和探索。随着农村人民公社的解体和中央地方财政的分开,原来主要靠农民义务修水利和中央财政投入办水利的模式已经无法适应形势的变化。各地通过深入的探索,得出了如下认识:水利一定要办。水利工作的任务主要包括:合理开发利用和保护水资源,防治水害,充分发挥水资源的综合效益,适应国民经济发展和人民生活的需要。水利工作的方针是:加强经营管理,讲究经济效益。改革方向是:“转轨变型,全面服务”,即:从以服务农业为主转到为社会经济全面服务的思想,从不讲投入产出转到以提高经济效益为中心的轨道,从单一生产型转到综合经营型。

在水利工程管理中,推行“两个支柱,一把钥匙”,即:以水费收入和综合经营为两个支柱,以加强经济责任制为一把钥匙。通过改革,逐步建立良性运行的机制。

随着改革开放,山东水利建设开始引进外资项目,其主要有中德合作山东粮援项目和世界银行贷款加强灌溉农业项目。

这一时期,山东水利投入下降,灌溉面积10年基本上徘徊不前,重点水利工程建设主要是黄河大坝建设、东调南下工程、小清河干流治理工程和引黄济青工程等。

(五)20世纪90年代初至今

这一时期,是山东水利历史上发展最快、成就最大、经验也最丰富的时期。随着国家对农业的高度重视,水利投入的增加及水利经济的发展,水利建设的春天到来了。山东省抢抓机遇,围绕“三三四”工程,实现“六六”目标的战略规划,按照“统一规划,综合治理,统筹兼顾,分类指导,因地制宜,重点突破,加快发展”的治水思路,大搞水利建设。

胶东半岛地区,以解决水资源紧缺为主线,在搞好大中型水库除险加固和骨干调水工程的同时,重点抓好开源节流,搞好河道的梯级开发,进一步挖掘水资源潜力,建设好国家级节水示范区,大力推行节约用水,提高水的重复利用率;结合区域经济的发展,重点搞好城乡供水,尤其要发展向经济技术开发区、高新技术开发区等新兴区的直接供水,为沿海开放地区提供良好的投资环境和优质的水利服务。

沿黄地区,主要是健全完善引黄工程体系,强化控制手段,搞好引黄泥沙处理,提高工农业发展的保障能力;大力兴建平原水库,发展机井灌溉,走“以井保丰,以河补源,以库调蓄,节水挖潜”的路子,同时坚持旱涝碱综合治理的方针,搞好清淤开卡,疏通排水渠道,努力使广大平原地区做到遇旱能灌、遇涝能排。

鲁中南山区及其山前平原区,按照统筹兼顾、综合治理的原则,发挥水利工程较多、水资源相对丰富的优势,加快大中型水库除险加固;抓好水利工程配套,搞好水土保持,努力扩大农田灌溉面积,支持山区林果业发展,为建设具有山区特色的商品生产基地提供优良服务;并根据经济发展的需求,搞好沿山沿湖大型工矿企业的直接供水。

重大水利工程建设以国家加强治淮治太工作为契机,以东调南下、大型骨干河道治理及大中型病险水库加固为重点,加快了山东省治淮治海步伐。沂、沭、泗河洪水东调南下工程在停(缓)建十年后得以复工建设,其中沂、沭河复堤护险,大官庄节制闸、韩庄运河喇叭口扩大工程已开工建设;梁济运河、沫赵新河、徒骇河海口岸段、泗河下游段、德惠新河、潍河干流等骨干河道得到初步治理;列入全国第一批大型险库的许家崖、陡山水库加固工程已竣工验收;建设完成了一批中型灌溉及水源工程,如引黄入卫、李家岸引黄灌区等30多处大中型灌区,完成了庆云、芦家河子等平原水库建设。作为经济和社会发展有力支撑的水利基础设施和基础产业,由此进入了一个崭新的阶段,水利的服务对象、投入机制、建设规模、管理手段等都发生了深刻的变化,以全面优质服务和提高经济效益为中心,开始向国民经济大水利转换,逐步走上为整个国民经济和社会发展提供防洪安全和水资源保障的路子,并取得显著成效。

第三章　辉煌的治水成就

第一节　防洪减灾成效显著

受特有的地理、气候条件影响，水旱灾害一直是中华民族的心腹之患，是对我国经济社会发展影响最大的自然灾害。新中国成立后，按照国家统一部署，结合实际，山东省加强了现代防洪体系建设，经过60多年的不断发展和完善，在工程体系、管理模式、法律法规以及防洪规划方面均取得了很大的进展。

一、治河与防洪成效显著

新中国成立60多年来，山东先后投入大量人力、物力和财力用于防洪建设，防洪工程规模和数量跃居全国前列，防洪工程体系初步形成，江河治理成效卓著。全省已建成河道堤防7 898 km，其中骨干和中型河道堤防4 887 km。新建、加固沿海防潮堤及入海河口复堤320 km，防潮标准达到20～50年一遇。加强水库加固与河系综合整治，加固后的大中型水库防洪标准得到极大提升，现在，全省5 km以上的5 000多条河道都修筑了堤防，骨干河道防洪能力普遍达到20年一遇。已建成各类拦河闸坝4 000余座，其中大型98座；各类水库5 470座，总库容156亿 m^3，保护人口4 496万人、耕地327万 hm^2。据统计测算，60多年来，全省防汛抗旱减灾效益达到5 136亿元。

1946年人民治黄以来，山东人民多次对千里堤防进行大规模加高加固，将过去的秸料埽坝全部石化，共修建各类堤防1 504.7 km，险工116处、3 816段坝岸，控导工程125处、1 994段坝岸；兴建了东平湖水库、北金堤滞洪区等4处蓄滞洪工程。对黄河河口流路进行了3次人工改道，实施了黄河口门疏浚和挖沙固堤工程，现行黄河清水沟入海流路保持了 30 年畅通稳定。特别是 1998 年“三江大水”之后，国家加大了对黄河治理的投资力度，防洪工程建设进一步加快，开创性地建设了治黄史上前所未有的 128 km 标准化堤防。经过 60 多年不懈努力，黄河山东段已初步建成了由堤防、河道整治工程和蓄滞洪工程组成的防洪工程体系，累计完成治理投资 94 亿元，完成各类工程土方 13 亿 m^3、石方 1 928 万 m^3、混凝土近 62 万 m^3，工程抗洪能力显著提高。

在党和政府的领导下，依靠较为完备的防洪工程体系，依靠沿黄军民和治黄职工的严密防守，战胜了历年洪水。特别是战胜了 1949 年、1958 年、1976 年、1982 年大洪水以及 1996 年历史最高水位的较大洪水，创造了 60 多年伏秋大汛不决口的奇迹。

在山东，沂沭泗流域土地、耕地、人口均占全省的 1/3，在全省经济社会发展中占有举足轻重的地位。流域内水土资源和矿产资源丰富，水陆交通发达，是国家重点开发的能源基地之一。在历史上，该流域是自然灾害多发地区，洪、涝、旱、碱交替出现。当时流域内水系紊乱，堤防残破，河不成形，人民饥寒交迫、苦不堪言。

新中国成立后，山东省开始对该流域进行大规模治理。特别是 1991 年江淮大水之后，按照国家统一部署，东调南下工程分两期实施。一期工程在山东省境内的单项工程共 18 项。经过半个多世纪的建设，东调南下工程成就辉煌，效益显著。已经建成的工程除个别项目外，防洪标准基本达到了 20 年一遇，特别是分沂入沭工程的建成，使沂、沭河洪水就近东调入海成为现实，在一定程度上提高了骆马湖接纳南四湖洪水的能力，也提高了沂、沭、泗河中下游地区的防洪能力。2003 年汛期，淮河流域发生了 1954 年以来的最大洪水，已基本建成的东调南下一期工程充分发挥了水利工程巨大的防洪减灾作用。东调南下一期工程的实施也为该地区水资源的合理开发利用创造了条件，增加了水资源调蓄能力，在一定程度上缓解了该地区水资源紧张的局面，同时为实现向苏北地区抗旱调水创造了条件。2001 年汛期，淮河中下游地区大旱，经淮委多方协调、科学调度，“引沂济淮”成功地将沂河 8 亿多立方米水调入洪泽湖。

二、形成了较完备的防洪减灾体系

山东省是一个洪涝灾害严重而频繁的省份。自19世纪下半叶至20世纪上半叶的大约100年间，洪涝灾害最为严重。1949年新中国成立以来的60多年间，山东省投入了巨大资金和人力，兴建了空前规模的防洪工程，形成了以防洪工程为核心的防洪体系，对经济发展、社会稳定发挥了巨大作用，取得了巨大的社会经济和环境效益。新中国成立以来，山东省在防洪减灾体系建设方面取得了以下成就。

（一）建立了较完备的水情、灾情、工情的评价体系

水情、灾情和工情都处于受自然环境和人类活动多种因素影响不断变化的动态之中。与过去曾经发生过的洪水特点完全重复出现的洪水是不存在的，每年发生的洪涝灾害，其发生、分布和严重程度也是差异很大的，工程设施状况也处于老化，局部毁损和不断养护、维修、完善的过程之中。因此，在防洪减灾体系中，首先必须掌握水情、灾情、工情可能的变化趋势和当前所存在的具体状况。经过几十年的努力，充分利用当代信息技术（包括计算机通信、GPS、GIS和RS技术），基本建立了一套完善的及时掌握水情、灾情、工情的调查、分析工作机制，一套分析评价的科学方法和评价指标体系；建立了明确的工作目标、具体要求和完善的工作程序。

（二）建成了防洪工程体系

受特殊的自然地理条件和季风气候的影响，山东省大部分的国土面临着不同类型和不同程度的洪水灾害威胁，洪水发生频次高，量级大，影响广，损失巨大。新中国成立以来，全省各流域以历次防洪规划为指导进行了较为系统的治理，开展了大规模的流域防洪建设，目前已初步建成了以堤防、蓄滞洪区、干支流水库为主体的流域防洪工程体系，流域整体防洪能力有了较大提高，在抗御新中国成立以来历次大洪水和特大洪水中发挥了重要作用。

新中国成立以后，山东省防洪工程体系的建设历程体现了不同历史时期的治水思路与导向，基本上与我国经济社会发展各阶段相对应，大致上可以分为以下三个阶段。

20 世纪 50～70 年代为第一阶段。新中国成立之初主要江河流域缺乏控制性工程，河道失治，堤防残破，水旱灾害极为频繁，这一时期的治水思路确定了蓄泄兼筹的江河治理方针。防洪治理以保障农业生产与重要城市的安全为导向，以修筑控制性水利枢纽工程及农田水利基本建设为主要建设内容。采取的防洪措施主要为整修加固堤防、连圩并垸建闸、开挖排涝渠系、兴修防洪水库等，以提高流域整体防洪排涝能力。同时疏浚河道，控导河势，增强过洪能力，并安排建设相关分蓄洪工程。这一时期的防洪工程体系建设成效非常显著，极大地缓解了全国频繁遭受洪水灾害的严峻局面，对稳定社会秩序、保障农业生产安全发挥了巨大作用。

这一时期，全省还对主要江河开展了流域综合规划编制工作，防洪规划是这次流域综合规划的重点，防洪规划思路主要是蓄泄兼筹、以泄为主。在这一思想指导下，开展了大规模的河道水系整治和综合治理。其中，在中下游修筑加固堤防，增辟排洪河道，巩固和扩大蓄滞洪区；在下游开辟和扩大泄洪入海通道；在上中游开展水土保持，修建水库拦洪；同时结合水资源开发利用，修建了大量的水资源调控工程，初步建立了以河道堤防、水库和蓄滞洪区为主的防洪工程体系。

20 世纪 80～90 年代为第二阶段。我国进入了改革开放的新时期，改革开放极大地促进了国民经济的高速发展，为防洪工程建设提供了强大的物质保障，江河流域防洪能力的提高又为经济社会发展提供了安全保障。随着城市化进程的不断加快，城市防洪问题被提到重要议事日程。防洪不再仅局限于保障人民生活、生产安全，而是要从国土利用、维护人类和自然生态环境的高度，把防洪纳入国家防治重大自然灾害的长远规划之中。1998 年长江大水之后，按照保障经济社会可持续发展对防洪减灾工作的要求，根据防洪法的规定，全省各流域开展了新一轮的防洪规划工作。这次规划根据可持续发展的治水思路，站在全局和战略的高度，从妥善处理改造自然与适应自然、控制洪水与给洪水出路、防洪与减灾等关系出发，制定了防洪减灾目标和总体战略；运用洪水风险分析以及风险管理的理论和技术，构建了由防洪工程体系和非工程体系组成的综合防洪减灾体系框架，明确了全省防洪区划、防洪总体布局及分区防治对策与重点、洪水管理制度与政策建议、防洪建设总体安排等战略性和政策性问题。全省确定的重要河流的防洪治理、主要建制城市的防洪治理、沿海受风暴潮威胁地区的防洪(潮)治理、山洪威胁地区的防洪治理、部分重要中小河流的防洪治理以及易涝地区的治理,对有效防治洪水,减轻洪涝灾害,维护人民生命和财产安全,保障经济社会全面、协调、可持续发展作出了部署。这一时期的防洪治理坚持全面规划、统筹兼顾、标本兼治、综合治理的原则,实行兴利与除害结合、工程措施与非工程措施并重,防洪工程体系建设取得了飞速发展。在进一步加强主要江河防洪工程建设、巩固和完善已有防洪工程体系的同时,开始了对江河的综合治理,并逐步加强了流域管理工作。随着水法、防洪法、河道管理条例等一系列法律法规的出台,防洪减灾工作逐渐走上了有法可依的轨道。

1998 年至今为第三阶段。全省调整治水思路,按照科学发展观的理念,坚持人与自然和谐发展,实行防洪减灾从控制洪水向洪水管理转变的战略调整。在重视江河治理、开发的同时,重视水资源配置、节约、保护和生态环境建设,在加强防洪建设的同时,逐步推进洪水风险管理,有效克服了单纯控制洪水的缺陷和不足。主要体现在:通过科学规划和建设,制订合理可行的防洪标准和洪水调度方案,提高流域洪水的调控能力;重视和增强风险意识,适度承担洪水风险,实施风险管理;加强防洪区、堤防保护区的社会化管理,规范经济社会活动,通过建立社会保障机制化解和承受风险;深入研究洪水资源利用的技术和方法,在确保防洪安全的前提下,合理利用洪水,实现洪水资源化,以缓解水资源紧缺局面。

(三)建成了非工程防洪体系

新中国成立以来,山东省非常重视非工程防洪体系建设,将其与工程体系放在同等地位对待。一是各流域和区域均建立了完善的水情测报、预报、警报系统,为防汛指挥系统提供可靠的水情预报。二是建立了高效的防汛指挥调度系统,根据水情、灾情(或可能发生的灾情)、工情的动态变化进行防洪调度运用方案的制订,并及时准确下令各级防汛指挥系统和工程管理部门具体执行,并对执行的过程进行监督,对执行的结果进行评估。三是建立防洪工程设施的管理系统，除对各种防洪工程设施进行经常性的养护维修、更新改造，并执行防汛调度工作外，还对河湖水域行洪蓄洪区进行严格管理，控制利用方式，严禁设置行洪障碍，同时对防洪保护和可能经常遭受洪水淹没地区进行风险分析，制定各种减少风险的措施。

（四）建立了洪水灾害的保障体系

洪水灾害具有破坏性大、损失严重、发生突然等特点。按照上述洪水灾害的特点，建立完善的洪灾保障体系，并将它纳入全省社会保障体系之中，是防洪减灾的迫切需要。新中国成立以来，全省先后成立了负责灾后抢救、临时撤退安置、生活救助组织，防疫、卫生保障组织，灾后恢复、重建和经济发展援助组织以及物资供应体系、资金筹措体系等，形成了完备的洪水灾害的保障体系。

第二节　农村水利蓬勃发展

农村水利包括农田水利工程和农村饮水工程。它涉及闸、站、堤、河流、沟渠及水利配套设施，分为农村蓄水设施、引水设施、输水配水设施、提水设施、田间灌溉设施、防洪除涝降渍等抗御水灾害设施和农村生活供水设施，是为农业生产、农村经济发展、村镇居民生活创造条件的基础设施。

一、农田水利设施日趋完善

农田水利工程是农业发展的最基础的条件，是实施农业可持续发展的关键，同时在面对恶劣的地质气候情况，出现大面积干旱时，健全的农田水利工程体系和完善的管理措施，将在很大程度上缓解自然灾害给人民群众生活带来的不便，减少农业生产的损失。

山东省是农业大省，也是水资源严重缺乏省份，做好农村水利工作是提高农业综合生产能力，改善农业生产条件的关键。按照建设现代农村水利的要求，山东农村水利各项工作取得了显著成效。

新中国成立以来，山东省一直重视农田水利建设，经过多年来的努力,农田水利设施日趋完善。全省共建成各类灌区 3 万多处,有效灌溉面积从新中国成立前的 24.8 万 hm^2 发展到 492.67 万 hm^2,节水灌溉面积达到 366.67 万 hm^2。在连续多年保持灌溉用水零增长的情况下,保障了山东省粮食生产稳步增长。

山东省以约占全国 1% 的水资源,灌溉了占全国 6% 的耕地,生产了占全国 8% 的粮食,养育了占全国 7% 的人口,这不能不说是个奇迹。特别是"十一五"时期,山东共完成农村水利投资 512.6 亿元,比"十五"时期增长了 44%,新增、改善灌溉面积 454.9 万 hm^2,新增、改善除涝面积 153 万 hm^2,全省有效灌溉面积达到 492.7 万 hm^2,为有效应对严重旱涝灾害威胁、连续 8 年夺取粮食丰收提供了有力保证。同时着力深化农村水利改革,强化项目前期工作,推进规范化管理,农村水利建设能力不断增强。

(一)探索投资融资渠道,保障农田水利基本建设

山东省积极探索税费改革、"两工"取消后农田水利投入、组织、建设与管理的新路子,2007～2009 年,连续 3 年冬春农田水利建设投入超过 100 亿元。2010 年度冬春农田水利建设规划总投资 146 亿元,创历史新高,是 2006 年的 2 倍。

1. 建立了"财政补助引导,农民投资投劳,社会广泛参与"的农田水利投入机制

"十一五"时期,山东省各级财政共投入农田水利建设资金 328 亿元,占总投资的 64%,且投入占比逐年提高;加大受益农户筹资筹劳力度,2009 年山东省下发《关于开展村级公益事业建设一事一议财政奖补试点工作的通知》,对以村民"一事一议"筹资筹劳建设的村内水渠、堰塘、桥涵、机电井、小型提灌或排灌站等小型水利设施实行财政奖补政策;加大市场化融资力度,解决工程建设资金问题。

2. 建立了"规划指导、政府发动、目标考核"的建设机制

2010 年按照国家统一部署,山东省所有农业县全部编制完成县级农田水利建设规划,并通过省市联合审查,成为指导农田水利工程建设和管理的重要依据。沿黄平原区规模建设"旱能灌、涝能排"高标准方田,山丘区加紧开展小塘坝、小水池、小水窖、小泵站、小水渠等"五小

水利工程”建设，提高了农田灌溉保证率。

3. 建立了“产权明晰、制度健全、方式多样”的管理体制

“十一五”时期，全省通过承包、租赁、拍卖等方式改制小型水利工程 19 298 处，新建工程改制率达到 80%，回收资金 7 亿元；通过个人、户办、联户办、股份制合作等形式新建小型水利工程 24 314 处，筹集资金 11 亿元；2007 年，山东省出台了《关于大力发展农民用水协会的意见》，进一步规范了农民用水合作组织建设工作。目前，山东省共发展各类水利联合体、合作社、用水户协会 6 000 余个，年筹集资金 4 亿多元，农民用水合作组织已经成为农田水利建设和管理的重要力量。

截至“十一五”末，国家共安排山东省重点县建设 48 个，山东省又将 12 个现代农业小麦产业项目县用于小型农田水利设施建设，按照重点县建设的管理办法进行建设和管理，使山东省小型农田水利重点县的数量达到了 60 个。目前，山东省所有小型农田水利重点县年度建设任务全部完成，完成投资 24.3 亿元，重点县建设在 2011 年抗击百年不遇的大旱中发挥了巨大作用。

（二）节水灌溉工程效益显著

山东省“十一五”期间共发展节水灌溉面积 66.67 万 hm^2，全省 70% 的灌溉面积都配套了节水工程设施，节水效益显著，亩均灌溉定额下降到 200 m^3，灌溉水利用系数由 0.55 提高到 0.6，水分生产率提高到 1.5 kg/m^3，年新增节水能力 30 亿 m^3。在全省农田灌溉总面积、农业总产量和总产值稳定增加的情况下，截至 2010 年，连续 7 年实现了农业增产增效不增水。

1. 大型灌区节水改造

“十一五”期间，山东省 50 处大型灌区全面启动节水改造工程建设，完成投资 35.67 亿元。

打造“节水型”灌区，把节水作为灌区改造的核心内容。渠道改造全部采用了土工布防渗和混凝土护砌，衬砌段的水利用系数达到 0.9 以上。对用水量测设施进行全面改造，大型灌区普遍实行计量配水到乡镇，通过加强管理，节水效益提高 10%。同时结合千亿斤粮食生产

能力、小型农田水利重点县、土地整理、农业综合开发等项目，推进末级渠系改造，年新增节水能力9亿 m^3。

打造“生态型”灌区，将生态建设作为灌区改造的重要内容，在灌区建设范围内搞好绿化美化，力争建一处灌区成一处景观，已有16处灌区成为水利风景区。

打造“现代化”灌区，节水改造时同步建设信息监测系统，对墒情、用水量、配水等指标适时监测。

打造“高效型”灌区，在引黄灌区全面推行终端水价制，水费收缴率达到88%。

2. 因地制宜，推行区域化节水模式

全省喷灌、微灌面积已达20.2万 hm^2；全省渠道防渗灌溉控制面积达53万 hm^2；山东省在全国率先探索了管道节水灌溉模式，致使农业连续7年增产增效不增水，农业灌溉水有效利用系数达到0.6，高出全国10个百分点；井灌区大力发展管道化输水，全省90%的井灌区都实施了管道化灌溉；山丘地区充分利用除险加固后的小水库、小水源工程，发展自压的管道化灌溉模式。目前，全省各类节水灌溉面积已达到359.9万 hm^2，基本建成了布局合理、形式多样、技术先进、设施配套的农业节水灌溉工程体系。

3. 高度重视技术研发和引进

先后组织开展了24项节水重大课题研究，有5项获得省部级奖励，其中“农业节水模式研究与示范”获得了国家科技进步二等奖；成功地将射频卡技术应用于井灌区灌溉管理，破解了井灌区的管理难题，节水效果可达15%；自主研发了风力扬水技术，“不用电不用油，自动抽水到山头，自流灌溉到地头”；先后引进美国雨鸟、以色列耐特菲姆、奥地利保尔等20多个国家的节水产品进行试验和推广，成功引进TDR墒情测报技术、激光控制土地整平技术、土壤固化剂防渗技术等，大大提高了农业节水的质量和水平。

二、农村饮水安全问题得到有效解决

农村饮水工程是农村广大农民群众迫切需要的一项民生水利工

程，经过多年努力，农村饮水解困工作取得了历史性成就。

山东省农村供水事业的发展，经历了从小到大、从简易到完善、从低水平到高水平的历程，取得了非凡成就。省财政列专项经费解决农村缺水人口饮水问题。1988～1990 年，省计委、省财政厅加大了该专项经费的投资额度，省环保局也在投资治理南四湖、小清河污染时，解决了 30 万人的吃水困难。同时，山东省 1988 年开始正式启动了中德合作山东粮援项目，重点解决沂蒙山区农村的人畜饮水问题。其间国家共投入 1. 37 亿元，解决了 440 万人的吃水问题。至 1990 年，全省累计解决 11 577 个自然村 757. 15 万人和 58. 95 万头大牲畜的饮水困难，全省海岛人畜饮水问题也基本解决。

1991～2000 年，随着全省经济社会不断进步，水资源紧缺矛盾加剧，资源性缺水问题日趋严重。针对群众的吃水问题，全省提出了“大力建设调水工程和集中供水工程，发展乡镇供水，带动农村供水发展”的工作思路。至 1999 年，全省已累计解决 16 345 个自然村 1 008. 24 万人和 86. 69 万头大牲畜的饮水困难。

2002 年 5 月 24 日，省政府和各市签订了“农村饮水解困责任书”，要求三年全省累计解决 528. 3 万人的饮水困难，其中历史性缺水人口 149. 6 万人。至 2004 年底，全省农村历史性缺水问题彻底解决，成为山东省农村供水史上的一个重要里程碑。

2005 年，省委、省政府启动了村村通自来水工程，提出用三年时间让全省 80% 以上的村庄用上自来水。全省各地坚持“农村供水城市化，城乡供水一体化”的发展战略和“规模化发展、标准化建设、市场化运作、企业化经营、专业化管理、用水户参与”的工作思路，走出了一条符合山东省实际、又好又快的农村供水事业特色发展之路。至 2007 年底，山东省村村通自来水工作实现又好又快发展，超额完成了省委、省政府提出的三年村村通自来水工作目标。全省累计投入资金 78. 612 亿元，建成农村自来水工程 1. 4 万多处，新增自来水受益人口 2 726 万人，农村自来水普及率由 2004 年底的 42. 6% 提高到了 83. 9%，极大地改善了农村群众的饮水条件。至 2010 年底，山东省率先基本普及农村自来水，全省解决了农村 1 778 万人饮水不安全问题，农村自来水普及率达90%，城市供水普及率达100%。

实施农村饮水解困和饮水安全工程，农民切身感受到了四个方面的巨大变化。一是减少了疾病，提高了项目区群众的健康水平。据调查，吃上洁净水后，可使肠道传染病等发病率降低47%。二是解放了农村生产力，促进了农村经济的发展。据调查，在实施了农村饮水解困工程的地方，户均年节省53个挑水工日，通过实施饮水解困工程，86%的农户增加了收入。三是改善了农村生活环境，促进了新农村建设。据调查，自来水到户的地方，46%的农户购置了洗衣机，90%以上的农户生活用水量增加。农村生活环境的改善，为新农村建设和全面建设小康社会打下了良好基础。四是加强了基层民主建设，增进了农村社会和谐，增强了政府的凝聚力和号召力。

第三节　水资源优化配置效益显著

新中国成立60多年来，在党和政府的领导下，经过全省人民的艰苦努力，水利事业得到迅速发展，初步形成了与社会主义现代化建设相适应的水资源开发、利用、保护与管理体系，使水资源发挥了巨大的社会效益、经济效益和环境效益，有效地保障了国民经济的发展和社会进步。

一、水资源开发利用从粗放走向精细

新中国成立以来，山东水资源开发利用大体经过了以下几个阶段。

（一）粗放型开发利用阶段

这一阶段可从新中国成立开始，到20世纪70年代末山东省出现缺水现象为止。在这期间，全省进行了大规模的水资源开发治理，水资源开发利用程度提高，供水能力增加，农田灌溉面积扩大，为全省经济和社会快速发展提供了保障。在此期间，山东省的水污染防治工作也开始进行，1973年，全省进行了以工业点源为重点的水污染治理工作；以后又进行了以城市为重点的区域环境综合治理，水污染治理范围从分散的工矿企业点源扩展到几十至几百平方千米的区域。水污染防治

工作取得了一定的成效。

（二）集约型开发利用阶段

这一阶段可从20世纪70年代末开始，到20世纪末为止。在此阶段中，由于全省人口的迅速增长和经济的快速发展，对水资源的需求量越来越大，或者因水污染的影响，表现出较为普遍的缺水现象，尤其是山东省沿海城市，随着人口增加和经济发展，水资源紧缺现象日趋严重，并出现愈来愈严重的水环境问题，如水污染、地下水超采、海水入侵等。这一阶段中，水的问题日益引起人们的广泛关注，水的资源意识、水的有限性认识为大家所接受。为解决以城市为重点的严重缺水问题，重点兴建了一批供水骨干工程，开展了全民节水工作，使一些城市水资源供需矛盾有所缓解。

在此期间，水污染防治工作得到相应的发展。特别是通过总结淮河、小清河等严重污染的教训，在水污染治理工作中人们认识到，水污染的防治工作必须兼顾上下游、左右岸、干支流，要以流域为单元进行流域的综合防治，贯彻“节污水之流（减少污染负荷）、开清水之源（增加河流的稀释自净能力）”的治理污染的原则。在管理上采取流域与区域相结合，团结治水、共同治污。同时充分利用水利工程设施，合理调度，提高水体的自净能力。从1976年起逐步成立了以流域为单元的流域水资源保护机构，并制定了流域水污染防治条例和有关的法规。在综合治理水污染方面，遵循“谁造成污染，谁承担责任”的原则，并把水污染综合防治作为流域总体开发规划的组成部分，纳入社会经济发展规划。重点保护饮用水水源，改善水质，实行计划用水、节约用水的方针。根据河流、湖泊、水库的不同功能要求和水质标准，制定流域水资源保护规划，并组织实施。同时积极发展生态农业，防治水土流失，控制面源污染，改善生态环境。

这一阶段，总体用水持续增长，但是，工业用水效率不高，农业用水效率较低；全省农业用水占总用水量的70%左右，但真正被有效利用的水只占灌溉水量的40%左右，多半损失在输水过程和漫灌之中。全省万元工业产值耗水量是发达国家的10～20倍，工业废水排放量比发达国家高4倍。城市生活用水普遍存在浪费现象。在污水处理回用、海水淡化及雨洪水利用等方面也处于较低水平。水资源开发利用难度越来越大,大多数河流开发利用超出水资源承载能力。

(三)精细化开发利用阶段

这一阶段从21世纪初开始。面对日益严峻的资源环境形势,为解决复杂的水资源问题,2000年,“十五”计划首次提出建立节水型社会;2002年,《水法》规定,要全面建设节水型社会。2007年5月三部委联合发布《节水型社会建设“十一五”规划》。2009年在全国率先提出了实施最严格水资源管理制度,推动经济社会发展与水资源和水环境承载能力相协调。2011年山东省“一号文件”明确提出,要将实施最严格水资源管理制度“作为加快经济发展方式转变的重要举措”,要求从用水总量控制、用水效率控制和水功能区限制纳污三个方面,确立水资源开发利用总量控制红线、用水效率控制红线、水功能区限制纳污红线“三条红线”,同时“建立水资源管理责任和考核制度”。

山东水利工作会议强调,要把严格水资源管理作为加快转变经济发展方式的战略举措,把建设节水型社会作为建设资源节约型、环境友好型社会的重要内容,全面强化水资源节约保护工作,形成有利于水资源节约保护的经济结构、生产方式、消费模式,推动全社会走上生产发展、生活富裕、生态良好的文明发展道路。这是山东省立足全省的基本省情、水情,从促进水资源的可持续利用,保障经济社会可持续发展的战略高度出发,作出的重大决策。

在水资源开发利用中,按照节水型社会建设的要求,注重加强用水从源头到末端全过程的管理,特别是对一些关键环节的控制,大大降低了水资源的无效或低效损耗。在蓄水环节,通过加强水情预报、对入库洪量进行科学的汛期水位动态控制,在保证防洪安全的前提下,尽量减少水库弃水,最大程度地利用蓄水工程的蓄水能力。在取水环节,实行用水总量控制,加强建设项目水资源论证和取水许可管理,对新建项目严格论证项目用水的合理性,对已建项目严格核定计划用水指标,全面强化需水管理。在供水环节,加强对供水企业的管理和输水过程的管理,将传统的分散式二次供水管理模式改为集中式管理,降低了自来水厂的耗水量和公共供水管网的漏失量。在用水环节,对卫生洁具实行了市场准入制度，积极推广新式水表，不断提高工业用水重复利用率，推广节水灌溉措施，科学调整公共供水水价、水资源费和污水处理费征收标准，严格实行超定额和超计划用水加价制度。在排水和再生水回用环节，加大投入，强化管理，提高污水收集和处理能力，由政府出资修建再生水管道，同时出台有利于促进再生水回用的经济政策，引导企业使用再生水。这些基于水资源开发利用全过程的精细化管理措施，使水资源开发利用行为得以规范约束，使各个环节的用水效率和效益得以普遍提高。

在强化节水的前提下，通过加强水资源配置工程建设，提高水资源在时间和空间上的调配能力，保障经济社会发展用水需求。在节水型社会建设取得可喜成绩的同时，水资源配置工程建设也如火如荼开展。南水北调东线一期工程稳步推进，胶东调水工程正式通水，以及平原水库等一批水资源配置工程和骨干水源工程开工建设；农村人口的饮水安全问题的解决，小型农田水利重点县建设，基本保障了人民生活和经济社会发展的用水需求。

二、水资源调配能力明显提升

山东是中华文明的重要发祥地之一，具有几千年的悠久治水史。新中国成立以来，山东水利事业经历了恢复建设、停滞徘徊和稳步快速发展的不同历史时期。从新中国成立到改革开放前的 30 年，是山东水利事业全面恢复和大规模建设阶段，为全省农村经济社会发展奠定了基础。党的十一届三中全会以后，改革开放为水利事业发展注入了新的活力，山东省把水利摆在经济社会发展的重要位置，加强水利建设，深化水利改革，走出了一条符合山东实际的治水路子，为全省经济社会可持续发展奠定了坚实的水利基础。

（一）大规模建设水源工程，供水能力不断增大

新中国成立以来，为满足社会经济发展需要，合理开发利用水资源，山东省投入了大量的人力、物力和财力，坚持不懈地开展了大规模的水利基础设施建设，兴建了大批的水利工程，取得了巨大成就。

据统计，截至目前，山东省修建水库 6 285 处，蓄水能力 154

亿 m^3,超过水资源总量 303 亿 m^3 的一半,全省工程供水能力达到 280 亿 m^3,工程供水占全部供水的 95%。在各级河道上修建各类水闸 901 座,其中大型 19 座,中型 181 座,小型 701 座,总拦蓄能力 4.9 亿 m^3。建设固定机电排灌站 30 139 处,装机 38 642 台,135.5 万 kW。共有机电井 98.89 万眼,其中配套 85.23 万眼,配套机械 98.36 万台,装机 775.27 万 kW。到 2010 年底,山东省又率先完成规划内病险水库的除险加固,包括 3 882 座小型病险水库。

黄河水是山东省的主要客水资源,引黄事业已具有相当大的规模,引黄范围已达 11 个市的 68 个县(市、区)。在黄河两岸建有引黄涵闸 63 座,设计引水能力 2 423 m^3/s,设计灌溉面积 232.8 万 hm^2。已建引黄蓄水平原水库 88 座,设计总库容 7.8 亿 m^3。1990 ~ 2000 年,全省年均引黄水量 67.9 亿 m^3,约占全省总供水量的 27%。2000 年全省引黄灌区实际灌溉面积 180 万 hm^2,同时为济南、青岛、淄博、滨州、东营等市的工业生产及居民生活用水提供了宝贵的水源。1986 年 4 月,国家"七五"期间重点项目引黄济青工程开工建设,至 1989 年 11 月 25 日建成通水。引黄济青工程运行 20 年来,为青岛市及沿线地区带来了巨大的社会效益、经济效益、生态效益和环境效益;累计从黄河引水 27.8 亿 m^3,向青岛市区供水超过 13.5 亿 m^3,为青岛市创造工业产值 1 300 多亿元,是一条名副其实的"黄金之渠",无愧于"造福人民的壮举"。胶东调水工程于 2003 年 12 月底开工。工程自黄河引黄闸至威海市米山水库,全长 479.5 km,涉及滨州、东营、潍坊、烟台、威海、青岛 6 个市的 16 个县(市、区)。胶东调水工程建成后,将彻底改变胶东地区单一水源的现状,构成山东省南北贯通、东西互济的"T"字形调水大动脉,实现长江水、黄河水、当地水的优化配置,从根本上缓解胶东地区的水资源紧缺局面,实现人与自然的和谐发展。

山东省 1990 ~ 2000 年历年实际供水量在 220 亿 ~ 265 亿 m^3,年均供水量 251.24 亿 m^3。当地地表水年均供水量 59.01 亿 m^3,地下水年均供水量 120.41 亿 m^3,利用客水 67.89 亿 m^3,其他水源 3.92 亿 m^3,分别占总供水量的 23.5%、47.9%、27.0%、1.6%,取得了显著的社会效益和经济效益。

(二)构筑现代水网,保障社会经济发展

2005年12月6日,治淮沂沭泗河洪水东调南下续建工程正式开工,标志着构筑山东水网骨干框架的南水北调东线山东段、胶东地区引黄调水、治淮沂沭泗河洪水东调南下、大中型病险水库除险加固和骨干河道治理、大型灌区续建配套与节水改造、村村通自来水等六大重点水利工程全面进入实施阶段。南水北调东线工程地跨江苏、山东、河北、天津四个省市。在山东省呈"T"字形,分为南北干线和东西干线两部分。南北主干渠南起枣庄市台儿庄区,北至德州市武城县,途经枣庄、济宁、泰安、聊城、德州等地市,全长487余千米。东西主干渠西起泰安市东平县的东平湖,东到滨州市的博兴县,在泰安东平湖与南北线相连接,途经泰安、济南、淄博、滨州、潍坊等地市,全长208 km。山东段干渠经过的地区,自古以来就是人类活动的中心区域。2005年12月29日,南水北调东线济平干渠工程全线建成并试通水一次成功,标志着山东水网已开始发挥效益。各地相继建成了引峡济潍、引黄济淄、引卫入德等70多处跨流域、跨区域调水工程,济南、潍坊、淄博、枣庄、日照等市的区域性水网框架已基本建成。经过不懈努力,以南水北调东线和胶东输水干线为"T"字形调水大动脉,与现有水利工程共同构筑形成的山东水网工程体系大框架已见雏形,为实现本地水与黄河水、长江水的联合调度、优化配置奠定了工程基础。

依托南水北调和胶东调水工程构筑的山东水网框架初步形成,一批区域水网相继规划建设,水利工程年供水能力从新中国成立初的10多亿 m^3 增加到280亿 m^3,农村自来水普及率达到90%。农田有效灌溉面积稳定在466.67万 hm^2,其中节水灌溉面积333.33多万 hm^2,引黄平原水库、引黄灌溉渠系覆盖11个市68个县(市、区),治理水土流失面积24.25万 km^2,解决了1 131万农村历史性缺水人口的吃水问题。建成各类灌区3万多处,有效灌溉面积从新中国成立初的24.8万 hm^2 发展到486.67万 hm^2,节水灌溉面积达到366.67万 hm^2,在连续多年保持农业灌溉用水零增长的情况下,保障了山东省粮食生产实现"八连增"、夏粮实现"九连增"。山东省以约占全国1%的水资源,灌溉了占全国6%的耕地,生产了占全国8%的粮食,养育了占全国7%

的人口,支撑了占全国10%的经济总量,水资源为全省经济社会发展作出了重要贡献。

三、水资源管理成效显著

(一)水资源统一管理格局基本形成,水资源配置措施得力

全省基本建立起了统一规划、统一调度、统一发放取水许可证、统一征收水资源费、统一管理水量水质的水资源管理体制,取水许可制度在全省全面实施并不断加强,实现了对地表水与地下水、城市与农村水资源的统一监督管理;探索出了一条"法规体制保障、工程体系支撑、政府宏观调控、市场机制调节、制度建设先行、节约保护并重"的节水型社会建设新路子;确立了"三先三后"配置原则,即"先客水、后当地水,先地表水、后地下水,先中水、后优质水";强化了水资源论证工作,对新建、改建、扩建项目需要取水的,依法严格进行水资源论证审查,保证水资源的优化配置和项目用水合理性。

(二)水资源保护日趋加强,水环境明显改善

针对山东省发展及南水北调的要求,山东省先后发布实施了《山东省南水北调沿线水污染物综合排放标准》、《山东省小清河流域水污染物综合排放标准》、《山东省海河流域水污染物综合排放标准》、《山东省半岛流域水污染物综合排放标准》等22项地方标准,编制实施了《山东省水功能区划》、《山东省浅层地下水超采区划》、《山东省水资源保护规划》、《山东省地下水水功能区划》、《山东省城市饮用水水源地安全保障规划》等规划,依法核定了水功能区纳污能力,提出了限制排污总量意见,建立了突发性水污染事件应对机制,定期开展了入河排污口、水功能区、供水水源地水质监测。自2003年以来,山东省已连续8年在两位数经济增长的背景下实现水环境质量的明显改善,全省重点河流化学需氧量平均浓度达到34.8 mg/L,水环境质量总体上已恢复到1985年以前的水平(化学需氧量平均浓度42.2 mg/L)。2010年,山东省政府将"省控59条重点污染河流全部恢复鱼类生长"作为政府年度工作目标,截至2010年底,省控59条重点污染河流全部恢复鱼类生长,水生态环境明显改善。

（三）率先实施最严格水资源管理制度，推进节水型社会建设

自2009年以来，山东省水利厅通过广泛调研、深入分析、集思广益，多方争取水利部将山东作为实行最严格水资源管理制度试点省。省政府颁布了《山东省用水总量控制管理办法》，于2011年1月正式实施，以此为标志，山东省将实行最严格水资源管理制度纳入法制化轨道。目前，山东省已基本建立起以区域用水总量为核心的“三条红线”控制指标体系，初步形成了覆盖全省各重点行业的用水定额标准体系，进一步规范了日常监督管理工作，建立完善了预警管理机制、监测工作机制和考核问责机制，实施最严格水资源管理制度初见成效；编制实施了《山东省“十一五”节水型社会建设规划》，制定了《山东省节水型社会建设技术指标》及农业灌溉用水和电力等九大工业行业产品用水定额。山东省的用水效率不断提高，规模以上工业万元增加值取水量降到15 m^3，远远低于全国116 m^3 的平均水平；农田灌溉水有效利用系数提高到0.6，比全国平均水平高出10个百分点；全省万元GDP（国内生产总值）取水量降到72 m^3，比全国平均水平低137 m^3，全省用水总量连续7年零增长，节水成效位居全国前列。

第四节　生态水利建设成就斐然

新中国成立以来，特别是改革开放以来，山东省在水土保持、生态水利建设等方面取得了令人瞩目的成就，为“建设生态文明，基本形成节约能源资源和保护生态环境的产业结构、增长方式、消费模式”打下了良好的基础。

一、水土流失得到有效控制

水土保持是防治水土流失灾害，合理开发利用水土资源，促进农业持续发展，改善和建立良好生态环境的一项综合性工作。水土保持既是山区发展的生命线，也是国土整治、江河治理的根本，是国民经济和社会发展的基础，也是我国长期坚持的一项基本国策。

山东省人口众多，水土资源匮乏，开展水土保持工作由来已久。特别是新中国成立以来,水土保持工作在总结和继承前人经验的基础上,得到了较快的发展,取得了可喜的成就。“十一五”期间,面对税费改革后农民投工大幅减少、剩余水土流失治理难度越来越大、治理成本越来越高、生态建设需求越来越强而公共财政投入增加不多的不利局面,全省上下攻坚克难,开拓创新,每年治理面积一直稳定在1 800 km^2以上,在治理模式、标准质量、建管机制等方面都位居全国前列。

(一)以小流域为单元进行水土流失综合治理

自20世纪80年代开始,在总结过去分散治理、措施单一、治理效果不明显等经验教训的基础上,山东省探索出以小流域为单元进行水土流失综合治理的新路子。即以小流域为单元,进行统一规划、综合治理、集中治理、连续治理,从合理调整土地利用结构入手,生物措施、工程措施和耕作措施有机结合,山丘区逐步建成生物防护体系、坡面工程防护体系、沟谷拦蓄工程防护体系和耕作管理制度,平原风沙区建设防风固沙林带、林网、林粮间作等防护体系。小流域综合治理的先进经验在全省山丘区和平原风沙区得到了全面推广和发展,并得到各级党委、政府的充分肯定。

(二)由重点防护型治理转向开发型治理

为适应国民经济发展的需要,将水土保持工作及时纳入山丘区和平原风沙区经济建设的轨道,与解决群众温饱、脱贫致富和建设小康社会紧密结合起来。小流域综合开发治理,实行山、水、田、林、路、村科学规划,生物、工程、耕作和管理措施有机结合,中、长、短期效益兼顾;水土保持防护体系的建设,在保证生态效益的前提下,由单纯的防护型向高产出的经济开发型转变,重点加强荒山、荒坡、坡耕地、坡地果林和稀疏林草地的改造,突出了经济林和经济作物开发区的建设,使水土资源得到了最大限度的开发利用。例如,到1990年,林草覆盖率由原来的35.3%提高到78.5%,保土效率达到85%,蓄水效率由原来的22.4%提高到61.3%等。

(三)小流域经济开始向市场经济迈进

自20世纪90年代以来,山东省不断探索以市场经济为导向的小流域综合治理开发优化模式,使水土保持工作不断适应社会主义市场经济体制的要求，为小流域的商品流通创造条件。在小流域综合治理开发过程中，实行统一领导、统一规划、统一质量标准，开发规模化、服务专业化、管理科学化，从实际出发，立足当地自然条件，做到治理一条小流域，开发一个名、优、特产品，发展一方经济，富裕一方人民，把小流域建成各具特色的优质、高产、高效的粮食和经济作物生产基地、果品生产基地、桑蚕生产基地、林木生产基地、良种家禽生产基地和加工生产基地等。如平邑县通过治理41条小流域，形成了中部有天宝山林果经济开发区，北部有蒙山畜牧、林果经济开发区，西部有桑蚕经济开发区，南部有优质高产的花生开发区等产业格局。

（四）进一步夯实水土流失防治基础工作

进入21世纪以来，为了适应山东省国民经济的快速发展，一是完善和提高各项规划的编制水平，先后完成了沂蒙山区重点工程、三年扩大内需重点项目、全省水系生态建设等多项重要规划，沂蒙山区21个重点县全部纳入国家重点治理范围，其中6个县已于2008年开始实施。二是搞好科技推广，组织实施了"山东省水土流失与生态安全综合科学评估"活动，联合高校、科研单位组织实施一大批科技攻关项目，其中"3S"（GPS、GIS、RS）、坡面径流调控等高新技术在小流域治理中得到广泛应用。

（五）典型带动，进一步提升发展质量

为适应现代水利要求，加快培植符合山东实际、顺应时代要求、体现新型水保理念的各类典型，以点带面促进治理水平的持续提高，最近几年来，先后培养出100多个小流域综合治理、30多处民营大户治理和4个城市水保、6个生态修复、6个水保科技示范园、7条清洁型小流域、3个综合治理大示范区等各类典型，水土保持呈现出了城乡统筹、流域统筹、"三生"（指生产、生活、生态）统筹的新特点。

（六）管理创新，增强发展活力

在水土流失治理的导向上，坚持集中治理、连片开发，力求规模效应。在建设管理上，全面推广项目法人制、招标投标制、监理制、合同制和公示制。在验收环节上，对所有项目实行现场评价、量化打分和通报制，极大地激发了地方的积极性。在投入机制上，积极推进"四荒"（指荒山、荒沟、荒丘、荒滩)治理开发和小型水利水保工程产权制度改革,引导企业事业单位和个人投身水保事业,社会投入成为水土流失治理的一支重要生力军。

二、生态水利发展迅速

生态水利是在满足社会经济需求的同时,兼顾水生态系统(体系)健康与可持续的水利。生态水利是对传统水利的补充和完善。生态水利学需要吸收生态学的理论与方法,是一个新兴的交叉学科。生态水利在技术方法方面,研究河流、湖库等水生态的健康与可持续,研究开发污染水体的生态修复等。

山东省分属黄河、淮河、海河三大流域,水系比较发达,河渠纵横,水库众多,各类水利工程星罗棋布。所以,山东省一直十分重视生态水利建设,特别是改革开放以来,水生态体系建设成就斐然,山东省在全国率先制定了水系生态规划,并建成了一大批生态河道、生态湿地、水利风景区。主要做法如下。

(一)划分水功能区

水功能区的划分有利于水资源的合理开发利用和保护。根据水利部发布的《全国水功能区划技术大纲》,山东省认真研究各地水资源现状,划分各水功能区。山东省根据国家规范确立了178个重点水功能区,其中淮河流域140个,黄河流域19个,海河流域19个,涵盖了保护区、保留区、缓冲区、开发利用区等5种一级功能区,水功能区的划分给水生态保护提供了管理依据。

(二)以水利风景区建设为抓手,加大水生态环境保护与修复力度

把水利风景区建设与发展同河道治理、水土保持、水库除险加固、农村水利建设等有机结合起来,把景观水利作为落实科学发展观,体现人与自然和谐相处的治水新模式,加大水生态、水环境保护与修复力度。例如，截至目前，全省结合生态水利建设，已建成140多处集防洪、供水、观光、休闲于一体的城市亲水乐园及水库、河道生态公园，52处被命名为国家水利风景区，95处被命名为山东省水利风景区。无论是国家水利风景区还是省级水利风景区，水质均达到地表水

Ⅲ类以上质量标准，林草覆盖率、水土流失综合治理率得到明显提高，污水全部达标排放，水利风景区建设已经成为改善水环境、修复水生态的重要手段。按照《关于加强全省水系生态建设的意见》的部署和要求，全面实施水系生态造林绿化工程，到2010年雨季造林结束，山东省水系生态建设林业绿化工程累计完成成片造林14.61万hm^2。菏泽市以政府为主导，对8 km长的赵王河城区段进行了全面治理，昔日脏乱地带变成了景色怡人的休闲公园，改善了人居环境，真正实现了清水城中游的生态景观；青岛市在中央资金的大力扶持下，重点实施了大沽河、小沽河、洋河、墨水河等12条河道的综合治理，所治理的河段防洪能力均有不同程度的提高，并在水污染治理、水源建设及河道美化亮化中取得一定效益；临沂市将水系整治与水生态保护并举，水安全、水环境、水景观、水文化、水经济建设并重的原则，通过对水系层层拦蓄及综合治理，构建城市大水网，生态水利建设取得了可喜成绩。

（三）建设水生态保护管理体系

近年来，山东省从生态系统保护和修复的角度进一步完善了水资源管理和水利工程运行管理制度，加强技术标准体系建设，出台一系列法律法规，通过法律、制度和技术标准的建立与实施，逐步实现了水生态系统保护工作的规范化、制度化和法规化。1989年根据水利部统一要求，制定了《山东省水资源管理条例》；1995年山东省物价局、财政厅和水利厅联合下发了《山东省水土保持设施补偿费、水土流失防治费收取标准和使用管理暂行办法》；2002年山东省九届人大常委会第二十五次会议通过了《山东省水路交通管理条例》；2006年山东省人大常委会审议通过了《山东省南水北调工程沿线区域水污染防治条例》等，为山东省水生态系统保护工作的规范化、制度化和法规化奠定了基础。

（四）开展水生态保护基础研究工作

近年来山东省选择一部分热点区域，针对典型问题进行水生态系统保护和修复的研究，并提出可推广应用的成果。例如，在黄河三角洲、南四湖、洙赵新河等地积极探索水生态修复的保护方法，取得了一系列科技成果，为全省水生态系统保护与修复工作提供了坚实的技术支持。

第五节　法制建设日趋完善

新中国成立以来,在建设社会主义伟大实践中,我国人民书写了法治史的辉煌篇章。作为国家法制建设的重要组成部分,水法规体系建设历经60余年不懈探索和努力,凝聚了几代人的心血和奉献,开创了中国治水史上的新时代,实现了从无法可依到依法治水的历史性飞跃。山东省在配套水法规建设和依法治水方面也取得了巨大成就。

一、形成了较完备的水法规体系

从新中国成立一直到改革开放,山东省水利法规建设缓慢,改革开放以后,才真正进入了快车道。1984～1997年我国先后颁布实施了《中华人民共和国水污染防治法》(简称《水污染防治法》)、《中华人民共和国水法》(简称《水法》)、《中华人民共和国水土保持法》(简称《水土保持法》)、《中华人民共和国防洪法》(简称《防洪法》),这些法律颁布后,对山东省配套立法提供了重要基础。《水法》颁布不久,山东省七届人大常委会第六次会议就专门听取了省政府贯彻情况的汇报,1988年、1989年,省人大专门委员会开展了《水法》专项调查和执法检查。这一系列活动为1989年《山东省水资源管理条例》(以下简称《条例》)的顺利出台奠定了重要基础。《条例》从根本上理顺了水资源管理关系,打破了城乡分割管理的不利局面,基本上体现了国家对水资源"五统一"管理的精神。《条例》的颁布实施,是实施《水法》的一个重要步骤,为山东省水资源的统一管理和保护提供了有力的法律武器。1996年8月11日,根据国务院出台的《取水许可制度实施办法》,省八届人大常委会第二十三次会议审议通过了《山东省取水许可管理办法》,理顺了取水许可的管理体制,明确了管理职责,从今天来看,这样有前瞻性的规定是完全符合山东实际的。省政府依据国家及国务院颁布的涉水行政法规,先后制定出台了山东省的实施《防洪法》办法、实施《水土保持法》办法、实施《河道管理条例》办法、实施《大坝安全管理条例》办法、实施《防汛条例》办法、实施《大中型水利水电工程建设征地补偿和移民安置条例》细则，以及《山东省引黄济青管理办法》、《山东省灌区管理办法》、《山东省河道工程维护管理费征收使用管理办法》等10余件政府规章。同时，省直有关部门联合制订了河道采砂收费管理实施细则，占用农业灌溉水源、灌排工程设施补偿实施细则等省级规范性文件20余件。山东省市、县两级人大、政府结合本地实际，制订出台的水利规范性文件共达2 000余件。截至目前，国家已有的水法律、法规，山东省已基本配套到位，同时结合山东实际，开展了创设性立法，在全国走在了前列。可以说，1988～2001年，山东省以《水法》、《防洪法》、《水土保持法》、《水污染防治法》为依托，积极主动配套、完善地方和部门法规规章建设。至此，山东的水法规体系框架已基本形成，水利建设与管理长期无法可依的状况得到了根本性改变。

2002年8月九届全国人大常委会第二十九次会议修订通过了新的《水法》。为落实新《水法》，水利部确定了配套法规建设重点，修订了《水法规体系总体规划》，突出了水资源配置、节约、管理和保护的制度建设。

2006年国务院先后颁布实施了《取水许可和水资源费征收管理条例》、《大中型水利水电工程建设征地补偿和移民安置条例》、《黄河水量调度条例》三部行政法规，对于促进水资源的科学管理、合理配置和节约利用，做好移民工作，开发利用好黄河水资源等具有十分重要的意义，对今后水利发展全局也具有深远、重大的影响。

同时，我国进一步加强了水行政许可配套制度建设。在已有制度的基础上，2006年水利部又颁布实施了《水行政许可听证规定》、《关于印发水利部实施行政许可工作管理规定的通知》和《关于印发水行政许可法律文书示范格式文本的通知》，进一步规范了水行政许可的实施，推进水行政许可的规范化管理。

同年，水利部又颁布实施了《水利工程建设监理规定》、《水利工程建设监理单位资质管理办法》、《水利工程建设项目验收管理规定》和《水量分配暂行办法》。

2008年2月《水污染防治法》再次修订，并经十届全国人大常委会第三十二次会议通过实施。

《中华人民共和国抗旱条例》已经2009年2月11日国务院第四十九次常务会议通过,自公布之日起施行。

2010年12月《水土保持法》经十一届全国人大常委会第十八次会议修订通过。

这一系列法律法规的修订并出台,标志着我国依法治水进入了一个新的历史时期。在这一新时期,山东省相继出台了《山东省小型病险水库加固管理办法(试行)》、《山东省省级水资源管理专项经费管理暂行办法》、《山东省水利厅关于开展节水型社会建设的意见》、《山东省水利工程质量检测管理暂行办法》等法律法规。同时,山东更加注重依法管水,建立严格的水资源管理制度,2009年,山东省在全国率先颁布实施《农村公共供水管理办法》。2010年10月,山东省出台《用水总量控制管理办法》,成为全国先行先试最严格水资源管理制度的省份。水利部部长陈雷评价:这是山东破解缺水之困的关键措施、战略之举、创新之路,开创了全省区域内严格推行用水总量控制之先河,在全国水利发展史上具有里程碑意义。

目前,国家所有的水法律法规山东省基本配套到位,全省已制定颁布省级水利法规、规章和重要政策性文件26件、规范性文件30余件,地方配套规范性文件2 000余件,基本形成了较为完备的水法律法规体系框架,成为山东省水利事业发展的重要支撑和保障,全省水利工作"有法可依"的局面已经初步形成。

二、水利执法力度明显加大

(一)不断加大执法办案力度,水事秩序明显好转

在执法工作中,全省各级水政监察队伍严格执行执法巡查制度,不断加大执法监督检查力度。在执法方式上,从重事后查处向预防为主、防查并重转变,提高了对水事违法行为和水事纠纷的预防和处理能力,进一步加强执法监督检查和依法管理,重点对污染浪费水资源、非法取水、河道违法设障、乱采滥挖砂石、破坏水利工程设施、违法涉河建设项目等水事违法行为进行了严肃查处,有针对性地开展了多次执法大检查或专项执法检查,取得了明显成效。为解决水利执法难的问题,山东

省大力推行水利与公安联合执法，全省已有近30个县（市、区）建立了水务警务区或水利治安办公室。2001年以来，全省共查处各类水事违法案件18 000余起，调处水事纠纷1 900余件，挽回经济损失9 000余万元，有力地保护了水利工程设施的安全，全省水事秩序有了明显好转。

（二）依法加强水利规费征收

山东省征收的水利规费主要有水资源费、河道工程维护管理费、河道采砂管理费和水保两费（指水土保持设施补偿费、水土流失防治费）。2006年，按照山东省《水法》实施办法的规定，经过积极努力争取，省财政厅、物价局批复同意设立了水工程占用补偿费，并对收费标准进行了批复。通过多年的努力，目前，山东省各项水利规费征收的有关法规规章和政策已全部配套完善。各级水利部门逐步建立了统一征收、集中管理、依法使用、有效监督的征收管理体制和运行机制，认真贯彻"收支两条线"和"票款分离"等规定，严格按照规定的征收标准、征收权限、征收范围征收，加强监督检查，规范执法收费人员的收费行为和水利规费的管理使用，不断推进规费征收工作向纵深发展，保持了全省水利规费征收总额的稳定增长。特别是2001年以来，全省进一步加大水利规费征收管理工作力度，以水资源费和河道工程维护管理费的征收为重点，带动各项水利规费的征收，取得了突破性的进展，水利规费征收数额逐年递增，为山东省水利发展提供了重要的资金支持和保障。

（三）认真贯彻《行政许可法》，全面推行政务公开

为贯彻落实好《中华人民共和国行政许可法》（简称《行政许可法》），山东省水利厅制定下发了贯彻实施意见，认真组织开展学习、宣传、培训，积极开展水法规规章的清理与修改，共取消行政许可事项4项，修改3项，保留20项，对4件省政府规章进行了修改。根据省政府的统一要求，水利厅建立了行政许可服务大厅，市、县两级水利部门也都建立了许可服务大厅或进驻政府建立的政务大厅开展许可服务。全省各级水利部门建立健全了行政许可各项配套制度，完善许可工作流程和办事程序，工作效率和服务水平不断提高，逐步建立了科学合理的水行政许可管理体制和运行机制。按照水利部和省政府的统一部署，自2001年起，水利厅开始大力推行政务公开工作，先后制定出台了《关于转变职能改进作风提高行政效率的意见》、《关于进一步推行政务公开的意见》等指导性文件，研究制定了推行政务公开的实施方案，建立了政务公开的各项制度和保障措施，编制了《政务公开手册》，对公开内容、公开形式等进行了明确。通过新闻媒体、网站、宣传册、服务指南、政务大厅、"阳光政务热线"等各种形式进行政务公开，不断拓宽政务公开的工作内容，公开范围基本覆盖了全部水利工作，工作的透明度、公开度和工作效率大大增强，树立了水利部门的良好形象，促进了依法治水管水工作的深入开展。

三、积极开展执法体制改革

为改变分散执法、多头执法的弊端，整合执法力量，提高执法的整体效能，根据行政执法体制改革的趋势和水利部、省政府关于相对集中行政处罚权、实行综合行政执法的要求，山东省于2003年底开始，在全国水利系统率先开展水利综合执法试点工作，先后选取了两批共31个单位作为水利综合执法试点，相对集中行政处罚权和行政征收权，积极探索相对集中行政许可权，实行一头对外执法收费。第一批试点单位已于2010年圆满完成了试点工作，有效地整合了执法力量，提高了执法效能。试点工作开展以来，全省水利系统对开展水利综合执法的认识逐步提高，呈现出开展水利综合执法的浓厚氛围，全省已有50多个县(市、区)实行了水利综合执法，水利综合执法正逐步在全省全面铺开。2007年，水利部确定了14个全国水利综合执法联系点，山东省就占了3个，充分说明水利部对山东省开展水利综合执法工作的肯定和支持，标志着山东省依法治水工作走在了全国的前列。

2011年中央"一号文件"《中共中央 国务院关于加快水利改革发展的决定》把水利提升到"国家安全"的战略高度。中央"一号文件"下发后，山东省委、省政府经过认真研究，结合中央对山东的战略定位和本省的省情、水情，出台了《中共山东省委、山东省人民政府关于认真贯彻〈中共中央 国务院关于加快水利改革发展的决定〉的实施意见》，明确了山东水利改革发展的总体要求和奋斗目标：到2020年，山东省将基本建成长江水、黄河水与当地水贯通，库河湖相连，城乡统筹一体的现代化水网体系，促进全省水资源的科学调度和优化配置；基本建成反应迅速、可靠完备的防汛抗旱保障体系，有效防御水灾害威胁；基本建成蓄泄兼筹、调控自如的雨洪水资源利用体系，实现由控制洪水向管理洪水的转变；基本建成河湖健康、人水和谐的水生态体系，有效保护自然生态系统；基本建成制度完备、统一高效的节水型社会管理体系，实现全省水资源的可持续利用；基本建成技术先进、功能齐全的水利信息化体系，促进水利管理自动化、数字化、智能化。经过10年左右的努力，基本实现水利现代化。该实施意见同时强调，要加大依法治水力度，结合地方实际，加快地方性法规建设，加强水行政执法队伍和执法装备建设，进一步提高执法效能；全面推进水利综合执法，依法查处各类水事违法行为，充分发挥各级人大、政协作用，加强监督检查，确保涉水法律法规落到实处。2011年中央“一号文件”和《中共山东省委、山东省人民政府关于认真贯彻〈中共中央 国务院关于加快水利改革发展的决定〉的实施意见》是未来10年山东水利发展的“纲领性文件”，为山东依法治水打下了坚实的基础。

第四章　依然严峻的形势

第一节　频发的水旱灾害

山东省十年九旱、旱涝交替，甚至是连旱连涝、旱涝急转。水旱灾害威胁，仍然是危及全省人民生命财产安全的心腹大患。

一、水灾害情势

水灾主要是指洪水对人类社会造成的灾害。洪水是一个十分复杂的灾害系统，因为它的诱发因素极为广泛，水系泛滥、风暴、地震、火山爆发、海啸等都可能引发洪水，甚至人为因素也可以造成洪水泛滥。在各种自然灾害中，洪水造成死亡的人数占全部因自然灾害死亡人数的75%，经济损失占到40%。更加严重的是，洪水总是在人口稠密、农业垦殖度高、江河湖泊集中、降雨充沛的地方，如北半球暖温带、亚热带地区泛滥。中国、孟加拉国是世界上水灾最频繁、肆虐的地方，美国、日本、印度和欧洲也较严重。

由于受全球气候变化影响，极端降水平均强度和极端降水值增强，我国水旱灾害极端气候事件的发生频率和强度正不断加剧。发达国家200多年工业化过程中分阶段出现的水资源与水环境问题，现阶段正在我国集中显现出来。

山东受地理和气候条件影响，水资源严重短缺且时空分布不均，十年九旱，水旱灾害频发，基本上每年均有不同程度的洪涝灾害发生，对全省经济社会发展造成了巨大的影响。

新中国成立后，大兴水利，增强了抗御水旱灾害的能力，不仅山东境内黄河安澜，大汛期间未发生决溢，内河洪涝灾害也大为减轻。但由于河道防洪除涝标准不高，仍难以抗御较大的暴雨洪水。据统计，自

1949年至1990年的42年间，因洪涝累计农田受灾面积3 432.7万hm^2，平均年受灾81.7万hm^2；累计成灾面积2 624.9万hm^2，平均年成灾62.5万hm^2，平均每年损失和减产粮食68.9万t；共倒塌房屋1 059万间，累计受灾人口24 057.5万人，死亡14 157人。

根据山东省降水周期变化规律，自2003年开始山东省降水趋势又进入上升阶段。2003～2005年连续3年降水偏多，2006年降水偏少，2007～2010年又连续4年降水偏多，年降水量、汛期降雨量距平曲线均呈上升趋势。

2010年全省汛期降雨量较历年偏多，山东省海河流域发生了新中国成立以来仅次于1964年的流域性大洪水，其中徒骇河流域发生了新中国成立以来的最大洪水，部分支流、涵闸出现了严重险情，全省14个市116个县(市、区)发生了严重程度不同的洪涝灾害。据统计，全省入汛以来受灾人口达1 241万人，紧急转移安置人口36万人；农作物受灾面积147.5万hm^2，其中成灾面积44.5万hm^2；倒塌房屋10.55万间，损毁房屋23.38万间；损坏堤防452处，1 248.46 km，损坏涵闸2 015座，损坏防汛通信及指挥系统20处，损坏灌溉设施712处，损坏机电井2 376眼，损坏机电泵站77座。灾害造成山东省直接经济损失达93.965 3亿元，其中水利设施直接经济损失6.760 5亿元。

据山东省民政厅的灾情信息，2011年7月24日至7月27日15时，暴雨洪涝灾害造成威海市42.3万人受灾，因灾死亡6人，紧急转移安置12.4万人，农作物受灾面积1.3万hm^2，倒塌房屋1.07万间，损坏房屋5.24万间。

因此，洪涝灾害仍是山东省不容忽视的心腹大患。

二、旱灾害情势

干旱灾害是我国最严重的气象灾害之一。干旱对农业生产影响大，平均每年干旱受灾面积占农作物受灾面积的一半以上，严重干旱年份受灾面积占农作物总面积的比例高达75%。旱灾是具有普遍性的自然灾害，不仅会使农业受灾，还会影响到工业生产、城市供水等。此外，干旱还会对生态系统和环境造成极大的破坏，导致植被覆盖率减小,自然绿洲萎缩,草场退化,土地沙漠化严重等。

由于干旱是一种十分复杂的综合现象,其形成原因和所造成的影响非常复杂,不仅与众多的自然环境因素有关,也与人类社会因素有关。人类活动对于减轻干旱灾害可能施加正面影响,也可能施加负面影响。

我国是一个人口大国,粮食问题始终是关系国家安全、社会稳定的重大战略问题。与其他自然灾害相比,旱灾是影响我国粮食生产的主要因素,因为旱灾造成的粮食损失要占全部自然灾害粮食损失的一半以上。

山东省由于地理位置和气候特点,旱灾频发。自1949年至1990年的42年间,除1964年外,每年都有旱灾发生,其中1968年、1981年、1989年、1997年特大干旱年份灾情最为严重。特别是1989年大旱灾,春、夏、秋连旱,全省平均年降水量仅436 mm,比常年少38%,6月受旱面积达到520万 hm^2,成灾面积230万 hm^2,全省有30多个县规模以上工业企业停产,到10月底就减少产值8亿元。全省累计干旱受灾面积7 296.45万 hm^2,平均每年173.73万 hm^2;成灾面积4 474.99万 hm^2,平均每年106.55万 hm^2;绝产面积277.94万 hm^2,平均每年6.62万 hm^2;受灾人口累计共32 756.2万人,年均779.9万人;减产粮食5 571.23万 t,年均132.65万 t。

近几年来,干旱发生得更加频繁。随着城市规模的不断扩大,城市干旱缺水问题也日益突出,济南、青岛、烟台、潍坊、淄博、威海等市已成为严重缺水城市。例如,2000年全省因干旱被迫停产的较大企业就有721家,工业经济损失达70.0亿元。又如,自2010年10月以来至2011年4月底,全省基本无有效降水,先后有393.4万 hm^2 农田受旱,390座小型水库干涸,3万多口机电井出水不足,330条河道断流,60多万人、40多万头大牲畜出现临时性饮水困难,干旱频率已超过50年一遇。临沂、菏泽、枣庄、济宁、潍坊等市已达到严重气象干旱等级,干旱频率已超过100年一遇。

分析全省近年来旱情,基本呈现出三个突出特点:一是降雨严重偏少,气温持续偏高。自2010年9月至2011年5月,全省平均降雨仅11

mm,比历年同期偏少 86%,其中菏泽、临沂、日照、聊城、莱芜、济宁、枣庄、泰安等市平均降雨量不足 5 mm,是近 40 年同时段降雨最少的年份。特别是菏泽市,2010 年 9 月底以来全市平均降雨仅 1 mm,比历年同期偏少 99%,为 1954 年有水文记录以来同期降雨量最少的年份。自 2010 年 10 月以来全省平均气温 11.1 ℃,较常年同期偏高 1.2 ℃,再加之大风天气多,造成土壤失墒严重,进一步加剧了旱情。二是持续时间长,影响范围广。全省大部分地区出现秋冬连旱,持续受旱时间已达 100 天以上,其间虽有局部降水,但范围很小,全省旱情仍在持续扩展。三是干旱程度重,抗旱难度大。由于正值隆冬季节,寒旱叠加,旱冻并发,增加了抗旱灌溉难度,导致全省仍有 160 万 hm^2 受旱农田没能浇灌,出现了成规模的黄苗,山丘区小麦已经发生死苗现象,有些地块濒临绝产。在尚未实行规模集中供水的地区仍有 24 万人和 20 多万头大牲畜面临饮水困难,特别是山丘区靠远距离拉水,已经影响了当地群众的正常生活。

例如,2011 年 1 月至 5 月,全省降水较常年偏少,气温较往年偏高,旱情严重。从水资源状况来看,1 月至 6 月全省可用水总量为 135 亿 m^3,其中水库湖泊可供水量约 40 亿 m^3,地下水可开采量约 60 亿 m^3,可引黄水量约 35 亿 m^3,而全省的总需水量是 150 亿 m^3,供需之间有 15 亿 m^3 的缺口。全省气象干旱频率达到了 60 年一遇,其中枣庄、泰安、莱芜、临沂、日照、聊城 6 市将达到 100 年一遇,菏泽、济宁将达到 200 年一遇,导致近 266.7 万 hm^2 农田持续受旱、50 多万人出现临时性吃水困难。

干旱的直接危害非常严重,其间接危害也不容忽视,主要表现在以下几方面:

(1)干旱是危害农牧业生产的第一灾害。干旱由于发生频率高、持续时间长、影响范围广、后延影响大,成为影响我国农业生产最严重的气象灾害;干旱也是我国主要的畜牧气象灾害,主要表现在影响牧草、畜产品品质和数量及加剧草场退化与沙漠化。

(2)干旱促使生态环境进一步恶化,主要表现为:

①气候暖干化造成湖泊、河流水位下降,部分干涸和断流。干旱缺

水造成地表水源补给不足，只能依靠大量超采地下水来维持居民生活和工农业发展，然而超采地下水又导致了地下水位下降、漏斗区面积扩大、地面沉降、海水入侵等一系列的生态环境问题。

②干旱导致草场植被退化。我国大部分地区处于干旱半干旱和亚湿润的生态脆弱地带，气候特点为夏季盛行东南季风，雨热同季，降水主要发生在每年的4~9月，但存在着很大的空间异质性，有十年九旱的特点。进入21世纪以后，连续干旱有加重的趋势，而且是春夏秋连旱，对脆弱的生态系统极为不利。

③气候干旱加剧土地荒漠化进程。

(3)气候干旱引发其他自然灾害。冬春季的干旱易引发森林火灾和草原火灾。自2000年以来，全球气温的不断升高，导致北方地区气候偏旱，林地地温偏高，草地枯草期长，森林地下火和草原火灾有增长的趋势。

三、水旱灾害的特点

(一)灾害发生的频率高、概率大

山东省频繁发生水旱灾害。根据统计资料，从1264年到1948年的685年中，山东省共发生洪涝灾害513次，洪灾概率达74.9%；旱灾465次，发生概率67.9%；从1949年到1990年，共发生水旱灾害各41年，发生概率近100%，差不多每年都有程度不同的水旱灾害发生，通常是一年中既有旱灾又有涝灾，先旱后涝，春旱秋涝，此涝彼旱，旱涝并存。

(二)灾害具有季节性

由于山东省地处我国东部沿海季风区，夏季盛行偏南风，来自海洋，故高温多雨，降水量占全年的70%以上，导致洪涝灾害多集中于6~9月，特别集中于多暴雨降水的7~8月，而冬春秋季降水则较少。因此，干旱大多出现在春季、初夏、晚秋。此外，还常常发生春夏连旱或夏秋连旱。

(三)灾害具有周期性

山东省的水旱灾害变化有一定的周期性。1916年以后，旱涝周期一般均在 60 年左右。其中 1916～1945 年为干旱期，旱灾较多；1946～1975 年为多水期，涝灾较多；1976 年以后，又进入一个新的干旱期，80 年代连续干旱即是其表现。全省一般地区常 3～5 年发生一次一般性洪涝，5～10 年有一次较大洪涝，10～20 年有一次严重洪涝。

（四）灾害具有连续性

山东省水旱灾害表现出一定的连续性。全省各地出现过连续的洪涝。如胶东半岛 1950～1956 年连续 7 年发生洪涝灾害，鲁北、鲁西南地区 1962～1964 年连续 3 年发生大面积洪涝灾害。根据有长系列降水记录的德州、临清、济南、成山、烟台等站的资料分析，连续 2 年、3 年、4 年、5 年以上干旱的概率分别为 21.2%～25.0%、6.4%～14.1%、2.0%～8.2%、0.6%～4.7%。

（五）灾害的地区分布不均匀性

山东省水旱灾害在地区分布上表现出不均匀性。鲁南、鲁东南、胶东半岛南部，因受山地丘陵地形的影响，多地形雨，洪涝灾害较多。而鲁西北地势平坦，难以形成地形雨，降水少，多旱灾。

此外，山东省洪涝灾害还有突发性的特点，在长期干旱的情况下，常常出现中小尺度的灾害性天气，局部地区突降大雨，造成突发性的洪涝灾害。

第二节　紧缺的水资源

近几年来，人口的增加、经济社会的快速发展、工业化以及城市化进程的加快，给水资源开发利用和保护带来了严峻挑战。长期以来形成的水资源过度开发、粗放利用、污染严重、生态恶化的状况仍未根本改变，水资源问题仍然是制约可持续发展的主要瓶颈。

一、山东省水资源状况

山东省是我国水资源严重短缺的省份之一，全省现状平水年缺口为 40 亿 m^3，枯水年缺口为 49 亿 m^3，特枯年缺口高达 65 亿 m^3。为满足日益增长的用水需求，部分地区过度开发利用水资源，导致了河道断流、海水入侵、地下水漏斗等一系列水生态环境问题。人多水少、水资源时空分布不均、与生产力布局不相匹配，既是现阶段的突出水情，也是将要长期面对的基本省情。在同样面临水资源短缺的形势下，山东省水资源问题更为突出。

（一）水资源总量不足，人均、亩均更少

山东省国土面积15.67万km^2，占全国总土地面积的1.63%，总人口为9 079.31万人（2000年第五次人口普查），占全国总人口的7%，人口密度为全国平均密度的4.4倍。全省多年平均当地淡水资源总量为303亿m^3，仅占全国水资源总量的约1%。全省人均占有水资源量仅334 m^3，不到全国人均占有量的1/6，仅为世界人均占有量的1/25，居全国各省（市、区）倒数第三位。按国际公认的M·富肯玛克的水紧缺指标标准，山东省人均水资源量远远小于维持一个地区经济社会发展所必需的1 000 m^3的临界值，属于人均占有量小于500 m^3的严重缺水地区，必将经受极其严重的缺水危机。按2010年末全省耕地面积计算，全省亩均水资源占有量263 m^3，也仅为全国平均亩均占有量的1/7。

（二）水资源地区分布严重不均，水资源与人口、耕地资源失衡

山东省各地水资源量差别较大，分布不均匀。总的分布趋势是从鲁东南沿海向鲁西北内陆递减，从胶东半岛东南部向半岛西北部递减。地表水资源的地区变化尤为突出。径流的高值区位于峄城、苍山山区、东南沿海及泰沂山南麓，多年平均径流深为260～300 mm，高值区达350 mm以上；径流的低值区位于鲁西北平原和湖西平原，多年平均径流深只有30～60 mm。对于地下水资源，山丘区与平原区差别较大。地下水资源模数岩溶山丘区高达15万～20万m^3/km^2，一般山丘区仅8.6万m^3/km^2；平原区地下水资源模数全省平均为16.3万m^3/km^2。

由于水资源的地区分布不均，并且与各市的人口、耕地面积不对应，山东省各市人均、亩均水资源占有量都有明显的差别。各市人均水资源占有量为218～589 m^3，其中相比较而言人均占有量较大者如威海市为589 m^3、日照市为544 m^3；较小者如聊城市为218 m^3、德州市为242 m^3。各市亩均水资源占有量为139～533 m^3，其中相比较而言较大者如威海市为 533 m^3、莱芜市为 466 m^3；较小者如德州市为 146 m^3、聊城市为 139 m^3。

（三）水资源年际年内变化剧烈，开发利用难度较大

山东省各地降水量、水资源量的年际变化幅度很大，存在着明显的丰、枯水年交替出现现象，连续丰水年和连续枯水年的出现也十分明显。1964 年是山东省的丰水年，年降水量 1 169.3 mm，年径流量 690.0 亿 m^3；1981 年是枯水年，年降水量 445.5 mm，年径流量 53.9 亿 m^3；降水量与径流量的最大值、最小值之比分别为 2.62、12.8，径流量的最大、最小值分别为多年平均径流量的 303.3%、23.7%。根据 1916～2000 年长系列资料分析，连续丰水段有三个，分别是 1946～1948 年、1961～1964 年、1970～1975 年；连续枯水段有五个，分别是 1917～1920 年、1927～1929 年、1938～1944 年、1981～1983 年、1986～1989 年。从长系列资料分析，山东省具有 60 年左右的丰枯变化周期。

水资源的年内分配具有明显的季节性。山东省降水时间主要集中在 7、8、9 三个月，降水量占全年的 70% 还多。全年的天然径流量约有 4/5 集中在汛期，特别是 7、8 月，甚至是集中在一两次特大暴雨洪水之中。山东省水资源年际年内变化剧烈这一自然特点，是洪涝、干旱等自然灾害频繁的根本原因，同时也给水资源开发利用带来很大的困难。

（四）水资源呈衰减趋势，供需矛盾更加突出

山东省 1956～1999 年，年平均降水量为 676.15 mm，后 20 年（1980～1999 年）年平均降水量仅 618.13 mm，较前 24 年（1956～1979 年）年平均降水量 725.10 mm 减少了 106.97 mm，即减少了 15%。黄河是山东省重要的客水资源，但黄河入境水量逐年减少，可利用量呈下降趋势。特别是 20 世纪 90 年代以来，黄河平均入山东省水量减至 222 亿 m^3，比多年平均水平减少了 42.4%，并多次出现断流，其中 1981 年、1995 年、1997 年山东段全河断流。自 2000 年以来，由于水利部黄河水利委员会对黄河水量实行了统一调配，再加上小浪底枢纽工程发挥调蓄效益，虽然未再发生断流现象，但从近几年实际引黄情况来看，每年 70 亿 m^3 的引黄水量难以得到保证，黄河水“可用而不可靠”的状况正日趋明显。

随着工业化、城镇化和农业现代化的加速发展,经济文化强省建设的全面推进,特别是黄河三角洲高效生态经济区、山东半岛蓝色经济区国家战略的深入实施,用水需求会进一步加大。测算表明,目前全省年缺水已近40亿m^3,随着工农业的发展、人口增多以及生活水平的提高,缺水形势将愈加严峻。未来即使采用海水淡化等方式开发新水源,利用中水等非常规水源,实施跨流域调水后,2020年、2030年全省仍将分别缺水44亿m^3、47亿m^3。

二、水资源开发利用程度高但保护不够

(一)地表水水资源不合理开发,造成部分河流断流

在过去相当长的时间内,山东省以有限的水资源支撑和保障了经济社会的快速发展,但用水方式粗放,水资源短缺和用水浪费并存,生态脆弱和开发过度并存,污染治理和超标排放并存。目前,全省地表水开发利用率已超过50%,远远突破了国际公认的40%的开发利用上限。河水断流现象频发,据1980~2002年的监测资料,因水资源高强度开发利用和降水量减少,全省河流除沂、沭河外均发生了严重断流现象,个别年份全年断流。

(二)部分地区地下水过度开发,引发环境地质问题

国民经济及社会各项事业的迅速发展,对水的需求增加很快,尤其是地下水开采量呈逐年增加的趋势,地下水开发利用量总体已占到可开采量的90%以上,部分地区出现超采。据分析,自1975年以来,山东省浅层地下水超采量累计达85.07亿m^3,超采区主要分布在泰沂山以北的淄博—潍坊和泰沂山以西的济宁—宁阳的山前平原区,其次是胶东沿海平原、莘县—夏津黄泛平原、滕西山前平原和泰安、枣庄等岩溶山区。超采最严重的泰沂山以北山前平原的淄博—潍坊一带,地下水累计超采量约40亿m^3。由于许多地方超采地下水,造成地下水位持续下降,全省已经形成多个超采漏斗区。超采漏斗区的形成不仅会引发地面沉降、地面塌陷、地裂缝以及地下水污染等一系列环境地质问题,在沿海地带还会使海水倒灌,产生地质安全隐患。截至2010年1月1日,全省平原地下水超采漏斗区面积为13 119 hm^2,比济南和莱芜

两市的土地面积加起来还大。

(三)部分地区水污染程度加剧,水环境污染日趋恶化

随着经济社会的发展,人口不断增加,大量的工业废水、生活污水未经处理直接或间接地排入河流、湖泊;同时,为提高农作物产量,大量施用的化肥、农药,随地表及地下径流排入水体,污染水质。靠近城市的河流,绝大多数已成为纳污河,不仅破坏了水源,而且污染了环境。近年来,各级各部门加大了保护水环境工作力度,狠抓水污染治理,全省水体质量有所好转,但水生态环境总体状况仍令人堪忧。山东省水环境的污染源主要是直接或间接排入水体的工业废水、生活污水。据统计,1995~2002年山东省平均年排放工业废水约22.85亿 m^3,生活污水约5.79亿 m^3。全省大部分河流水质污染严重,主要污染源来自城市生活污水和工业废水排放,主要超标污染参数为高锰酸盐指数、氨氮、化学需氧量和溶解氧量等。根据《2009年山东省水资源公报》统计,在监测的全省147个水功能区中,2009年实测142个水功能区(5个河干),其中水质达到Ⅰ类标准的有2个,占1.4%;水质达到Ⅱ类标准的有25个,占17.6%;水质达到Ⅲ类标准的有33个,占23.2%;水质符合Ⅳ类标准的有26个,占18.3%;水质符合Ⅴ类标准的有9个,占6.3%;水质为劣Ⅴ类的有47个,占33.1%。

三、水资源有效利用率偏低

山东省水资源的有效利用率较低。农业是山东省用水大户,特别是农业灌溉用水,灌溉工程老化失修,配套较差,灌水技术落后,不少地区还采用大水漫灌,输水渠道防渗效果较差或基本没有防渗措施。截至2000年,全省平均灌溉水利用系数仅在0.5左右,平均水分生产率1.0 kg/m^3,水资源浪费较严重。工业生产工艺落后,高耗水、低产出的工矿企业仍存在,节水措施不力,有的企业还处于一次性直流水的状况,全省平均工业用水重复利用率在60%左右。居民节水意识还不强,节水器具不普及,跑、冒、滴、漏仍存在,全省城市平均管道漏失率在20%以上。水资源浪费严重,有效利用程度低,这进一步加剧了水资源的供需矛盾。

经过"十一五"期间的节水型社会建设和近年来最严格水资源管理制度的实施，山东省水资源利用效率不断提高，目前农业灌溉水有效利用系数已提高到0.6，但与发达国家的0.7～0.9相比，还有一定差距；农作物水分生产率平均为1.0 kg/m^{3}左右，与以色列2.32 kg/m^{3}相比，仅为其的43%；全省万元GDP取水量虽然下降到了80.76 m^3，万元工业增加值取水量下降到了17 m^3，但与发达国家和地区相比，还存在较大差距，仍有一定的节水潜力。

总之，山东省是我国水资源严重短缺的省份之一，水资源开发利用已接近极限，水资源形势依然十分严峻，水资源短缺、水灾害威胁、水生态恶化等问题尚未根本改变。在全省水资源总量有限而用水需求不断增长的情况下，解决全省缺水问题，关键在于转变用水方式和发展方式。严格水资源管理已成为加快转变经济发展方式的战略举措，我们必须坚持因水制宜、量水而行，根据可用水量和水环境承载能力制定经济社会发展规划，安排生产力布局，推动经济发展方式转变，实现经济社会全面协调可持续发展。

第三节　依旧薄弱的水利设施

新中国成立60多年来，山东省兴建了一大批水利工程，形成了数千亿元的水利固定资产，建成了以防洪、排涝、灌溉、供水、发电为主的水利工程体系。这些工程在抗御水旱灾害，保障经济社会安全，促进工农业生产稳定发展，保护水土资源和改善生态环境等方面发挥了重要作用。但是山东省的水利工程建设仍存在许多问题。

一、蓄水工程标准依然偏低

山东省绝大多数水库修建于20世纪50～70年代，限于当时的技术水平和经济能力，工程建设标准低，材料缺乏，不少配套工程和管理设施未完善，工程质量总体偏低，又以灌溉和防洪为主要功能，主要发挥社会效益，长期以来正常维护或更新投入不足，对存在的病害未能及时处理，往往"积劳成疾"，形成病险水库。

占山东省水库总数绝对多数的是中小型水库，其主要建筑物通常由挡水建筑物、泄水建筑物及输水建筑物等组成，部分水库有发电建筑物。其中，挡水大坝以土石坝居多，砌石坝次之；泄水建筑物多为独立的溢洪道，部分小型水库也采用输水与泄洪相结合的涵管；中小型水库的输水建筑物多为坝下涵管和输水隧洞。山东省病险水库主要有以下问题。

(一)防洪标准不能满足规范要求

主要现象是大坝坝顶高程不够或泄水建筑物泄流能力不足。随着水文资料系列的延长，设计洪水洪量、洪峰和洪水过程发生较大改变，原设计防洪标准不能满足现行规范要求；泄水建筑物存在严重安全隐患，不能正常泄洪。有些工程建设年代久远，当时对地震问题认识不足，抗震标准不够，地震烈度及参数需要不断修改补充。

(二)大坝普遍存在不同程度的渗漏问题

早年修建的土石坝和部分重力坝清基不彻底，坝基和坝体防渗设计与处理标准偏低；碾压式土石坝填筑料不均匀，压实度或密实度偏低；坝体裂缝造成坝体和坝基长期渗漏冲刷，形成集中渗漏通道。大坝渗漏主要表现为：下游坝坡、坝脚或坝下游一定范围出现集中渗漏、管涌、散浸、流土等，导致一定范围的沼泽化。

(三)建筑物稳定性和强度不能满足现行规范要求

土石坝坝坡抗滑稳定、重力坝沿建基面或沿基础深层软弱结构面抗滑稳定不满足现行规范要求，土石坝护坡缺损或冲刷破坏，正常维护不及时；混凝土和浆砌石坝建设时施工质量差，强度偏低，混凝土结构碳化。

泄水建筑物结构稳定性和强度不能满足现行规范要求，结构出现裂缝；溢流面及泄槽未衬砌或衬砌质量差，出现冲蚀破坏；泄水建筑物出口无消能工或消能工不完善，不能保证安全下泄洪水。

输水建筑物进口结构单薄，稳定性和强度不能满足要求。早期修建的中小型工程，涵管多为坝下埋管，容易产生接触冲刷破坏，危及大坝安全；输水隧洞衬砌结构施工质量差或设计不完善，出现裂缝、冲蚀、漏水，甚至剥离、露筋，影响隧洞结构安全。

闸门、启闭机和监控设备老化、锈蚀严重，部分设备超过折旧年限，需淘汰更新。

（四）管理设施落后或不完善，监测设施失效或不完善

山东省大中型水库绝大多数兴建于“大跃进”及“文革”时期，大部分属于“三边”（指边勘测、边设计、边施工）工程，都不同程度地存在防洪标准低、工程质量差、隐患多、遗留尾工大等问题。在山东省现有的水库中，病险水库2 322座，其中大型18座（国家第一、二批重点险库15座，省重点险库3座）、中型75座、小（Ⅰ）型284座、小（Ⅱ）型1 945座，病险水库占水库总数的45.8%，水库除险加固任务繁重。同时，水库管理设施配套不完善，工程老化退化严重，维修改造任务艰巨。

山东省水利工程建设时先天不足，又经过几十年的运行，工程老化失修，不断发生严重事故。工程配套的管理设施和各类机电设备老化严重，有些已无法使用，严重影响防洪安全，亟待更新改造。由于经费严重短缺，工程老化、失修和自然损坏较为普遍，水毁工程得不到及时修复。据统计，自20世纪50年代以来，由于工程老化失修和管理设施不配套，大中型水库共发生各类事故326次，其中比较严重的100次。按分类统计，发生大坝滑坡事故71次，坝基渗漏事故132次，大坝裂缝事故83次，石护坡损坏事故40余次。每座水库平均发生事故1.89次。小型水库事故更多，仅垮坝事故就达254次，给人民生命财产造成了严重损失。

二、农田水利设施相对薄弱

山东省农田水利工程基础设施属于农业基础设施，目前存在的主要问题如下。

（一）农田水利设施的服务功能需进一步加强

全省农田水利设施的服务功能退化仍较严重。以现有小型农田水利设施为例，山东省大部分小型工程建于20世纪50、60年代，主要靠农民投劳、就地取材，建设标准不高，长期带病运行而又无力系统维护，导致骨干工程严重老化，效益急剧下降。由于工程病险、淤积等原因，小型水源工程蓄水能力也大幅度下降。由于建设资金和历史条件的限制，部分灌区的水源、输配水以及闸、涵、泵等小型农田水利工程设施不够完善，部分现有灌区工程设施布局不合理，没有达到相关技术规范要求，造成工程效益不能得到充分发挥，灌溉水利用效率和效益较低。此外，工程系统维护投入不足，影响工程功能发挥，这就造成了农业灌溉能力的进一步下降,在一定程度上影响了农业生产和农村发展。

（二）农田水利设施投资需进一步增大

山东省农田水利设施建设仍滞后于农业发展需要,全省农田有效灌溉面积约占耕地面积的67%。全省2/3的灌溉设施建于20世纪50、60年代,很多灌区不配套,难以发挥效益。大型排灌泵站老化破损率达75%左右。造成这些问题的主要原因是资金短缺,而资金缺乏的主要原因一是国家财政对农业基本建设投入不足,二是地方政府投资能力较低,三是水利设施建设投入不足。

（三）农田水利设施建设需进一步加快

现代农业的发展不仅需要较高的灌溉保证率,要求大量高标准的农田水利设施为之服务,而且在灌溉制度、灌溉方式上也提出了新的要求。当前山东省小型农田水利设施建设滞后严重,尤其是广大的丘陵山区,农田水利工程严重匮乏,农民群众的基本生产生活条件缺乏稳定保障。

（四）农田水利设施管理需进一步强化

由于山东省当前农田水利设施,特别是小型农田水利设施管理体制不顺,管理责任不落实,农民的分散经营和农田水利设施集体受益之间的矛盾日渐加剧。近年来,仅有35%的小型农田水利设施完成了管理体制改革,大量以公益性、准公益性为主的小型灌溉排水渠道,由于本身经济效益低下,农民缺乏参与建设和管理的积极性,运行管理和维护责任难以落实,老化失修的趋势没有得到根本遏制。

由于近年来农民个体户的独立经济意识较强，个别人忽视集体利益，在水利工程管理上盲目用水，圩堤上乱垦乱种现象屡禁不止。水利工程管理粗放，不注重工程维修，导致损失严重。不同领域的生产进度也不一样，各自领域为了满足自身的生产需要而随意截流、挖沟、放水，把水利建设原有的线路搞得支离破碎，从而削弱其自身的供水功能。还有一些农民在地里私自打井，大量开采地下水，这是对水资源的一种浪费。长期下去，不仅会影响到农业的发展，还有可能破坏生态环境。

（五）农田水利工程抵御自然灾害能力仍较薄弱

由于现有田间水利工程多建于20世纪70、80年代，工程建设标准低，老化失修仍较严重，综合利用率低，有的甚至已丧失功能。特别是近年来出现了填沟还耕、填水库为农田等现象，使原本脆弱的农田排灌体系遭到破坏，致使有的地方农田防洪排涝能力较差，遇强降雨即出现大面积泥涝现象。

（六）相关配套不全，影响效益发挥

在农田水利工程项目建设中，存在重视枢纽工程而轻视配套工程的现象，这样使受益范围窄小，影响灌溉面积的正常发挥。如一些水库只重视枢纽工程，而忽视了对渠系配套的建设和管理，造成渠道淤积，每到放水季节，上游淹死，下游旱死，渠水白白流失，影响了灌溉效益的发挥。

虽然近年来全省在农田水利基本建设方面进行了多种探索，但在新形势下仍面临许多问题，亟待解决。一是全省范围内取消“两工”（指劳动积累工和义务工）之后，长期稳定增长的农田水利基本建设投入机制尚未形成，尤其是“一事一议”政策落实不到位，受益农民在农田水利基本建设中的主体作用发挥不够。二是随着一大批新的骨干水利工程相继规划建设，与之相配套的田间灌排设施建设滞后，特别是黄河调水调沙使河底下切，导致引黄灌溉设施效能普遍下降。据统计，山东省现有小型农田水利工程26 000多处，而工程配套率只有70%左右，完好率只有60%左右，实际灌溉面积仅为当初设计灌溉能力的30%。三是大水漫灌、用水浪费现象仍然存在，计量用水、科学用水的节水措施还没能普遍实行。四是农田水利工程重建轻管的现象仍较突出，特别是面广量大的田间灌排设施普遍没有形成长效管理运行机制。

三、城市防洪减灾体系不够完善

城市防洪是我国防洪的重中之重。截至 2001 年,我国共设城市 668 座,其中有防洪任务的城市 639 座,占城市总数的 95%,其中尚有 72% 的城市低于国家规定的防洪标准。非农业人口在 100 万人以上的 34 座特大城市中,仅有 4 座达标。改革开放以来,山东省城市化进程发展迅猛,城市规模、城市人口的增长和经济的发展都很快,要求防洪安全程度越来越高,主要问题表现在以下几个方面。

(一)防洪工程体系还不完善

山东省很多防洪工程都已运行多年且年久失修,加大了工程失事风险概率。干支流防洪工程体系不配套,大江大河的许多重要支流防洪工程薄弱,河道行洪能力衰减严重,堤防隐患较多。蓄滞洪区防洪工程及安全建设严重滞后,启用难度大,管理工作薄弱,运用后社会影响大,难以按规划要求发挥其应有的作用。防御山洪泥石流灾害能力普遍偏低,灾害预测、预警、预报能力亟须加强,部分流域规划的防洪体系中尚有一些重要工程仍未实施或正在实施。

山东省共有 15 条骨干防洪排涝河道,防洪能力一般为 10 ~ 15 年一遇,排涝能力一般不足 3 年一遇,防洪标准太低。同时各级河道普遍淤积严重,防洪能力大大降低。例如,鲁北马颊河干流平均淤高 2 m,行洪能力降低 40%,排涝能力降低 60%;更为严重的是,东鱼河、马颊河、漳卫南运河、德惠新河、梁济运河等五条大型河道的淤积量达 1.1 亿 m^3,亟待清淤治理;另外,大量河道拦河闸年久失修,机电设备老化,存在严重的安全隐患,影响防汛及河道安全行洪等。

(二)沿海城市海堤防洪标准偏低

山东省地处沿海,海岸线长。沿海城市人口密度大,经济发达,地面高程低,需要靠海堤、海塘和抽水泵站排水防洪。在已建成的防潮堤中,防洪标准不高,多为 10 ~ 20 年一遇,个别堤段达到 50 年一遇,对由台风、风暴潮、天文大潮、江河洪水等因素形成的灾害十分敏感,不能满足日益发展的沿海城市的防洪要求。

(三)平原地区城市防洪堤达标率低

山东省城市大多分布在主要江河中下游两岸的平原地区,其地面一般低于江河洪水位,因江河坡度较缓,洪水峰高量大,多因蓄泄能力不够造成灾害。目前,在平原区城市中只有很少一部分的城市防洪堤达到国家标准,加之江河河床下降平缓,洪水历时长,堤防不易防守,溃决隐患大。

(四)丘陵山区城市防洪应急管理能力不足

随着丘陵山区城市人口增加,丘陵山区城市沿河低阶地不断被开发利用,盲目侵占河道引洪地,造成人为设障,加上河道淤积、引洪能力下降,洪水灾害较为严重。虽然山丘区平川地沿河也修筑了很多堤防,可起到一定防洪保安作用,然而由于投入较大、范围有限,这些城市防洪应急管理能力尚难以满足城市防洪的要求。

总之,全省城市防洪减灾工程还不能满足保障国民经济和社会可持续发展的需要。

第四节 相对滞后的水资源及水利工程管理体制

一、水资源管理体制需进一步理顺

(一)尚未形成完善的自上而下的水资源管理法律法规体系

从目前已出台的有关水的法律法规来看,不仅缺乏占主导地位的法律,而且一些重要的部分尚未立法,已有的法律法规上下层次也不清晰。具体表现在《水法》、《水土保持法》、《防洪法》和《环境保护法》、《水污染防治法》都是由全国人大常委会制定的,但是具体实施的行政部门不同,前三部是水利部门,后两部是环保部门,都处于平等的法律地位。具体实施部门不同,究竟以哪个为主?上位法有几部,下位法则也相应形成体系,如《水法》的下位法有《取水许可和水资源费征收管理条例》、《河道管理条例》等,由水行政主管部门实施;而《水污染防治法》的下位法有《水污染防治法实施细则》,由环保部门具体实施。在一个法律体系中，如果不能确定一个占主导地位的上位法，那么在贯彻实施中必将出现冲突，形成有利有权的事两部门抢着管，无权无利的事则谁都不管，要承担责任时又互相推诿这样一种局面。如果立法不能明确责权利，是一个重大的失误。

如果不能构建一个区分主次且全方位地覆盖有关水的各方面的法律法规的框架，我国水资源管理在今后相当长的一个时期仍将陷入“条块分割、多龙治水”的局面，对水资源开发保护十分不利，这是应该首要解决的问题。

（二）执法力度不够，自由裁量权过大，可操作性差

山东省投入大量资金在各地兴建了许多节水灌溉项目，但真正发挥作用的寥寥无几，大部分被人为破坏或损毁，这主要是执法力度不够造成的。

执法者自由裁量权过大。例如，《水污染防治法》第七十条规定：拒绝环境保护主管部门或者其他依照本法规定行使监督管理权的部门的监督检查，或者在接受监督检查时弄虚作假的，由县级以上人民政府环境保护主管部门或者其他依照本法规定行使监督管理权的部门责令改正，处一万元以上十万元以下的罚款。执法者的自由裁量权如此之大，同样的原因对不同的单位可处以相差九倍的罚款。类似的条款比比皆是，举不胜举。这就为一些执法者以权谋私提供了活动空间，这种立法所造成的后果，不但不利于对水资源的生态保护，在某种程度上，还会起到不好的导向。不同的企业处于同样的违法状态，甲企业与执法者搞好了“关系”，仅处罚一万元；乙企业没与执法者搞关系，很可能就要被处罚九万到十万元，而这是法律赋予执法者的权力。在此情况下，违法单位不是想如何遵纪守法，而是把更多的精力用到搞好“关系”上，以便再次违法时，执法者能“高抬贵手”。

可操作性差也是我国立法当前存在的普遍问题。大部分法律法规对在立法中要解决的问题只做些原则性规定，模棱两可，含糊不清。例如，《水法》第五章“水资源配置和节约使用”中第五十条规定：各级人民政府应当推行节水灌溉方式和节水技术，对农业蓄水、输水工程采取必要的防渗漏措施，提高农业用水效率。这一条本身就模糊不清，说什么"应当推行",而《水法》第七章"法律责任"中也没有规定对不执行第五十条的采取何种处罚,这造成了我国《水法》内容的缺失和不完善,对执法造成困难。

(三)水资源产权关系需进一步加以明晰

《水法》第十二条规定:国家对水资源实行流域管理与行政区域管理相结合的管理体制。作为自然资源的水资源为国家所有,理应实行统一管理。而当前由于水资源产权关系不清,中央和地方之间、行业与行业之间、部门与部门之间缺乏利益调节与协调机制,结果在水资源的开发利用中,形成了各部门、各地方"谁发现、谁开发、谁所有、谁受益"的局面,否定了水资源国家所有权的统一性和经济权益性。这种做法既影响了水资源的科学合理利用,降低了利用效益,又加剧了水资源的供需矛盾。

(四)水资源保护机制需进一步完善

山东省乃至全国的水资源管理体系是一种交叉状管理,系统最高部门为水利部,往下是省、市、县、乡各级水利部门,上下级之间只是业务指导关系,各级水利部门由当地政府领导。这种多重领导的局面,既不利于统一管理,又易产生矛盾,因为水利部门的管理目标和地方政府的目标不一致,前者要追求对水资源的生态保护,而后者则要追求地方经济发展。孰轻孰重,本来是不言而喻的,但由于在立法层面没有给予水利部门充分的法律依据,而且水利部门财权与人事任免权均受制于地方政府,更何况关于水污染惩治的执法权还掌握在环保部门手中,在此情况下,水利部门除对政府领导唯命是从外,没有第二条道路可以选择。由此看来,近几年来,许多水污染严重事件的发生就势在必然,不足为奇了。

(五)协调机制不够健全

流域管理和行政区域管理是两种不同性质的管理模式,两者边界往往不重合。流域管理的边界往往与行政区划不重合。一个流域区可能跨越几个行政区,而一个行政区也可能包含几个不完整的流域区,以致在区域开发管理中出现许多矛盾和问题,如地方利益与流域全局利益的冲突,上游与中下游间的冲突。例如黄河水引用,山东地处黄河最下游,引用黄河水受到上游各省(区)开发利用多寡的影响。近年来,由于干旱及黄河上游用水量日益增多,进入山东境内的水量日趋减少,下游经常无水可引,工农业生产受到较大损失,下游滨海地区连人畜饮水都极为困难。这种情况下,山东省各级水利部门甚至省政府是无能为力的,只能求助于位阶更高、权力更大的机构出面协调。山东省在引黄济青、南水北调、南四湖流域、沂沭河流域等都存在相同问题,因此建立健全协调机制刻不容缓。

(六)缺乏稳定可靠的投入机制

当前,水资源的浪费和污染,加剧了水资源供求矛盾。节约用水和防治水污染是水资源管理的两大重要问题,其焦点在于资金的投入。由于水利部有下拨资金必须有地方资金配套的要求,一些地方不得已只能在项目申请时伪称配套资金已经到位,实际上没有。这就导致很大的问题。例如一个水利项目,按照台面上的规定,地方配套 800 万元,省里配套 800 万元,中央下拨 800 万元,台面上的账有 2 400 万元,但实际省级和地方级的配套资金都没到位,实际到位资金只有中央下拨的 800 万元。而水利项目的设计费、监理费则是按照台面上的 2 400 万元总账按比例收费的。也就是说,实际投入的资金由于这些不必要的阴阳账而大大减少。虽然 2011 年中央"一号文件"颁布,强调建立水利投入稳定增长机制,同年,财政部、发改委、水利部三部委出台了《水利建设基金筹集和使用管理办法》,山东省同时出台了配套法规,但建立稳定可靠的投入机制任重道远。

二、水利工程管理体制改革需进一步深化

(一)计划经济体制遗留影响仍然存在,市场竞争意识不强

水利干部职工计划经济模式下的思想观念仍然存在,习惯于大锅饭、铁饭碗,创新意识不强,缺乏敢闯敢试、大胆改革的胆略和魄力。2008 年 11 月山东省水利厅组织人员到有关地市进行调研,发现许多问题。某地级市水利局物资站编制 35 人,现有 40 多人,业务停滞甚至倒退,全年唯一收入靠 2 hm^2 土地的 11 万元租金,人均年收入不到 0.3 万元。某市水利局职工人数超过 1 000 人,有的县水利局职工人数达

800 多人，超编超员，改制推进缓慢。某市一水库，因经营不善欲整体出售，但是又制定了一系列苛刻的转让条件，既想收回投资成本，又想有所溢价，有意收购的公司纷纷打了退堂鼓。某县水务局创办的矿泉水厂，瞻前顾后，放弃了引入战略投资的机会，企业规模无力扩张，限制了进一步发展。由于全省水利经济实体单位承担着机关富余人员分流、职工子女就业、转业军人安置等额外负担，80% 以上属于事业单位，拿着事业单位人员的统一工资，同酬不同劳直接导致水利经济实体单位缺乏内在活力。在行业自身建设发展与改革中，怕得罪人不敢改，怕有矛盾不愿改，怕影响关系不想改，工作得过且过，处于“不改革没出路，想改革推不动”的两难境地。

（二）部分水管单位实体经济法人治理机构滞后

有些水利经济实体单位仍然由局机关大包大揽，实行机关式管理，在资产形态上，难以区分经营性和非经营性水利资产。多数事业单位的负责人既作为水利国有资产的监督管理者，又是水利国有资产的具体运营者，何时履行监管、何时履行运营分不清，水利资产保值增值无法落实。单位内，从领导到职工缺乏压力，不能主动思考单位的发展，被动接受市场变化，有些单位经营已到了十分困难的境地，有些水利经济实体只是局机关资金调整使用的平台、安排职工子女就业的平台，具有浓厚的行业特色。各市、县水利局所属的各企业、各公司，由局领导分管，政事不分，事企不分，没有按现代企业管理制度运行，没有构建独立的法人治理机构，内部激励机制不完善。实体经济单位成立时，骨干力量有的已经退休，有的得到了提拔离开了岗位，人才老化流失严重。近几年，部分市、县水利经济管理机构萎缩，职能弱化，制度滞后，管理粗放，有的单位领导及资产管理负责人，连本单位水利资产的规模、性质及其运行状况都说不清楚，没有年度经济运行分析报告，没有绩效考核标准和长效管理机制。与此同时，由于没有得到各级政府正式授权，水利资产管理普遍存在着主体缺位现象，对水利经济不能施行有效指导服务，对水利资产不能施行有效监管，导致水利国有资产隐性流失。

（三）部分水利工程管理单位管理体制落后

长期以来，全省兴建了一大批水利工程，形成了一大批水利工程管理单位，并拥有数百亿元的固定资产，初步形成了具有防洪、排涝、灌溉、供水、发电、养殖、种植、旅游等功能要素，蓄引提结合、大中小并举、地域分布广泛的水利工程体系，为国民经济的高速发展发挥了巨大的基础作用和支撑作用。

根据水利工程的这些不同的功能要素，将其从总体上划分为社会公益性和生产经营性两大类。在水利工程的管理体制中，既按行政管理区域划分，又按流域（或灌区）划分。水利工程管理单位的行政管理权属地方各级人民政府的水行政主管部门，业务管理权属流域（灌区）管理部门或跨行政区域的共同的上一级流域（灌区）管理部门。

由于行政主体和业务主体的分离，形成了条块分割、政企不分、政事交叉、各自为政、职责不清的管理体制，经常出现对水资源的统一管理权、水政渔政的执法权和管理权、防洪安全的执法权和管理权等工作的错位或缺位，以及在水利工程管理机构和编制、灌区输供水时空分布、灌区水价核定、水费计收体制、水利工程管理和养护、供水收益分配等方面的诸多矛盾。由于管理体制的不顺，行政主体和业务主体之间责权利不清，出现有利益时大家争着管，有问题时互相推诿谁都不愿意管的局面。在水利工程管理单位的发展过程中，体制不顺带来的影响是长期的，危害也是致命的，而理顺管理体制的难度也是最大的。

（四）有些水利工程管理单位运行管理机制不健全

1. 水价的运行机制不合理

水价违背市场经济规律，长期偏低，成为困扰水利工程管理单位改革与发展的一大难题。尽管 1985 年国务院发布了《水利工程水费核订、计收和管理办法》，2003 年国家发改委和水利部又发布了《水利工程供水价格管理办法》，但是长期以来，山东省农田灌溉供水成本水价为 0.13 元/m^3 左右，实际执行水价 0.06 元/m^3 左右。水价的审批是由国家各级价格管理部门严格控制的，既不能按照商品的价值规律和供求关系定价，又不能得到政府的价格补贴，这实际是政府转嫁了水商品成本支出的负担。因此，偏低的供水价格成为水利工程管理单位严重亏损的最终根源。

2. 水费的计收机制不合理

多年来，水费的征收都是由地方各级政府以“实物计量、货币结算”的方式实施的，在20世纪90年代后期改为“按亩计量、货币征收”的方式。在计划经济时期，依靠行政手段征收水费是可行的，但在市场经济时期就出现了许多矛盾。第一是征收主体的错位。山东基本实行地方政府代收水费。近年来，许多地方政府普遍出现入不敷出、财政赤字的状况，必然将广大农户所缴的水费用于发放工资、奖金，建办公楼，修学校及建设地方社会公益设施等支出。因此，普遍出现了地方各级政府，特别是乡镇政府挤占、挪用、截留水费等违纪违规的现象，导致一些水利工程管理单位欠收水费高达几千万元的严重后果。第二是计量标准的失衡。由于用水计量设施安装不到位，农业水费仍然按亩计收，用多用少一个样，造成缺水和浪费水的现象并存。所以，传统的水费计征方式已经不能适应形势的发展。

3. 水利资产收益划分的机制不合理

在水利工程的单项或单位工程资产中，同一类固定资产往往同时发挥出两种不同的功能效益，如山东省水库工程中的大坝、溢洪道、放水设施等项目，既为防洪发挥作用，又为蓄水、养殖、旅游等发挥作用。因此，公益性资产和经营性资产各自所发挥的效益就很难用准确的数据进行价值定量，难以区分其社会效益和自身经济效益。

4. 水利工程的管理和养护机制不合理

山东省的大中型水利工程或灌区大多数都是在20世纪50～70年代建成的，主要是通过大搞群众运动的方式建设，加之受当时技术、资金条件的限制，普遍存在设计要求低、建设标准低、施工质量不高、渠道防渗不配套等问题。经过几十年的运行，水利工程老化失修、垮塌水毁严重、水的利用率低、水资源损失浪费惊人，并且存在重大的水利工程安全隐患。这是水利工程管理和养护维修机制不顺所造成的后果。

（五）运行管理经费不足

水利工程管理单位在防洪、排涝管理和商品生产经营活动的过程中，必然要耗费大量的人力、物力、财力，而这些支出的补偿主要来自水费收入。由于我国是一个农业大国，长期以来受到“以粮为纲”、“无粮不稳”和“水是天上掉的，无价无偿的”观念的影响，加之我国的农业是弱势产业，需要国家大力扶持和政策保护，所以水商品的价格一直不到位，而国家对公益性支出不予补偿，导致水利工程管理单位的运行管理经费十分短缺，由此造成水利工程管理单位职工收入过低，职工情绪不稳定，人才流失严重，管理水平下降。

（六）水利工程管理单位性质需进一步明确

水利工程管理单位的性质经历了“事业单位、企业管理”、“生产型事业单位”的过程，长期实行“自收自支”、“以收抵支”的预算管理形式，没有得到科学、客观、合理的准确定位。究其原因，主要在于历史的局限性和国家经济不发达。水利工程既是国民经济的基础设施、社会发展的基本保证，又是社会经济发展和安定团结的基础，因此理应得到国家的重点扶持和财力的支撑。由于水利工程管理单位管理的内容比较复杂，因此结合实际界定单位性质就非常必要。仅靠水利工程管理单位的经营性收入来补偿公益性和经营性的支出是不合理的，也是补偿不了的。因此，认真贯彻落实水利部、财政部《关于印发〈水利工程管理单位定岗标准〉（试点）和〈水利工程维修养护定额标准〉（试点）的通知》（水办〔2004〕307 号）文件要求，合理界定水利工程管理单位的性质和类别是今后相当长时期的一个重要任务。

第五节　脆弱的水系生态

新中国成立以来，山东省委和政府高度重视水系生态建设，水系生态建设取得了显著成就。但由于历史欠账较多和大规模开发建设活动的影响，当前山东省水系生态建设工作还面临不少问题。

一、水土流失现象依然存在

（一）水土流失现状

水土流失是一种自然现象，其成因可以分为两类，一是自然因素，二是人为因素。人类不合理的活动引起超强地质输移，造成地球表面的土壤及其母质受水力、风力、重力等作用，组成物质被破坏、分离、搬运和沉积，以致造成水土流失。水土流失直接关系到一个地区（区域）的生态安全、防洪安全、粮食安全和饮水安全。根据《山东水利》，20 世纪末山东省山丘区尚有水土流失面积 306 万 hm^2，平原风沙区尚有 70.88 万 hm^2 未经治理，全省裸岩面积 16.73 万 hm^2，裸沙面积 4.93 万 hm^2。更为严重的是毁林开荒、乱伐滥垦、陡坡耕种的现象仍有发生，有的地方边治理边破坏。随着全省经济的发展，修路、采石、建厂、烧窑等，一定程度上造成新的水土流失。

1. 侵蚀形式分布

山东土壤侵蚀形式，按其侵蚀动力分类，主要分为水力侵蚀、水力风力混合侵蚀和重力侵蚀 3 种。水力侵蚀遍及全省坡度在 3°以上的丘陵山区，侵蚀面积占山丘区面积的 77.3%，其侵蚀形态以面蚀为主，面蚀面积占 90% 以上。沟蚀和溯源侵蚀面积较小，沟蚀主要分布在沉积岩区的山麓台地和丘陵的风化岩层，主要位于鲁东和鲁中南。水力风力混合侵蚀面积 115.63 万 hm^2，占平原风沙区面积的 76.4%，主要发生在黄泛平原的黄河故道和扇形地带，以雨滴击溅和风力使沙粒滚动、跳跃、悬浮移动的形式进行。重力侵蚀集中分布在坡度陡峭（>20°）、岩石破碎的中山山区，常以石洪、泥石流或滑坡的形式出现，面积约有 12 万 hm^2。

2. 侵蚀分区特征

1）鲁中南中低山区

该区东起沭河、潍河谷地，西至京杭运河，南接江苏，北到小清河和黄河，面积 34 633 km^2，占全省山丘面积的 51.5%。中部、西部、北部多沉积岩，为石灰岩和杂质页岩区，当地群众称为青石山区；东南部多火成岩，为花岗岩、片麻岩、变质岩的结晶岩系，当地群众称为砂石山区。

石灰岩和杂质页岩区多分布在沂河、泗河、大汶河、小清河、弥河等河谷地两侧的丘陵、低山区。其特点是，山坡陡峭，相对高差在 300 ~ 500 m，地面坡度一般在 30°以上，陡坡达 60°左右，成土过程缓慢，侵蚀速率远大于成土速率，易增加裸岩面积。

火成岩山区多分布在中低山区主峰的周围和砂石丘陵地带。山区相对高差 500 ~ 800 m，地面坡度 15° ~ 35°，土层瘠薄，基岩裸露，林木较少，草、灌较多，耕垦指数高，多为顺坡耕种。耕地受层状面蚀，形成土地沙化，山坡受鳞片状面蚀，沟头沟底多已下切至岩石，且多漂石、砾石，为石洪和泥石流多发区，年均侵蚀模数 3 000 ~ 4 000 t/km^2。丘陵区相对高差 50 ~ 150 m，坡度 5° ~ 15°，风化层较厚，沟坡岭顶多已基岩裸露，人多地少，耕垦率高，多为顺坡、碎块种植，沙砾化面蚀、细沟冲刷普遍，冲沟较多，沟网密度 3 ~ 5 km/km^2，是全省水土流失最严重的区域，年侵蚀模数 4 000 ~ 6 000 t/km^2。

2）鲁东丘陵山区

该区地形以胶东丘陵和胶南山丘体系为主，涉及烟台、威海、青岛、日照、临沂、潍坊 6 市的 26 个县（市），面积 326.24 万 hm^2，占全省山区面积的 48.5%。由于该区历史上群众就有精耕细作的习惯，多数坡耕地已建成水平梯田，且存有部分次生残林和草地，故水土流失相对较轻。

3）鲁西北平原风沙区

鲁西北平原风沙区水土流失面积为 115.63 万 hm^2，主要分布在滨州、德州、聊城、菏泽、东营、潍坊、济南等 7 个市的黄泛区。其沉积物质地松散，结构单一，粒径较小，遇有 4 级以上的风，沙土即会随风飘扬，遮天盖日，或滚动、跳跃，形成沙冈，或盖压农田，有时越冬小麦被连根拔起，生产生存环境恶化。据观测，流动风沙面积与其受害面积之比为1∶5。

（二）水土流失成因

1. 自然因素

影响水土流失的自然因素主要包括降雨、地形地貌、地质与土壤、植被和风力等。

1）降雨

降雨对土体的侵蚀破坏取决于降雨的数量、分布、强度和历时。首先是雨滴对地表的击溅，使土体颗粒离散、飞溅，发生溅蚀作用；然后是地表径流，将离散的土粒带走。一般来说，降雨强度越大，雨滴直径、降落的末速也越大，其动能就越大，溅蚀作用越强。全省由于受地理位置、地形和季风的影响，降雨量地区分布很不均匀，总的趋势是由东南向西北递减，土壤侵蚀的程度与其趋势吻合。例如，鲁东低山丘陵区，降雨量大，出现暴雨、大暴雨的次数也多，造成的水土流失就比较严重。

2）地形地貌

山东的地形地貌，主要有中低山、丘陵和冲积平原三大类型，中低山、丘陵区主要分布在鲁中南和鲁东地区。鲁中南为全省地势最高、地形最复杂的中低山区。一般而言，山地丘陵切割密度、切割深度大，冲刷强烈，水土流失严重。另外，坡度、坡长、坡形对水土流失也会产生严重影响。

3）地质与土壤

在地质与土壤方面，全省中山、低山、丘陵区，以砂石山区水土流失分布最广。由于长期裸露，风化严重，剥蚀、切断严重，地表多呈现砂质土，颗粒粗，结构松散，漏水漏肥，抗蚀能力弱，易造成水土流失。山东山地丘陵区的土壤，主要由花岗岩、片麻岩、砂页岩母质风化而成。因遭长期侵蚀，粗骨属性明显，结持力低，抗蚀力弱。尽管透水性好，但因坡度陡，土层薄，下部即是硬石底或半风化岩石，每逢降雨，下部阻水，径流增大，在植被条件不好的情况下，极易流失。

4）植被

植被是自然因素中阻止水土流失起积极作用的因素。良好的植被，能够截留降雨，缓解雨滴对地面的击溅和延缓地面径流，减小流速，分散流量，过滤淤泥，固结土壤和改良土壤物理性状，提高土壤透水性和持水力，增强土壤的抗冲、抗蚀能力，减少或防止水土流失。

5）风力

风力是土壤侵蚀的主要动力因子之一。当风的冲击或风的涡动所形成的力超过分散干燥的沙粒重力时，沙粒就会随风运移形成土壤侵蚀。

2. 人类社会活动因素

人类不合理的社会活动，是造成水土流失加剧的重要因素，主要表现在以下几个方面：

一是人口的快速增长，无遏制的陡坡开荒。由于山东人口的不断增加，人均耕地不断减少，人们为了满足对粮食及其他消费品的需求，生产规模不断扩大，致使陡坡开荒时有发生。这种乱开滥垦荒山、掠夺性经营土地的行为，大大加剧了水土流失。

二是顺坡耕种，粗放经营。据 20 世纪 80 年代中期水土普查结果，全省顺坡耕地 34.47 万 hm^2，顺坡果园 0.27 万 hm^2，坡式梯田 76.33 万 hm^2，坡式梯田果园 10.6 万 hm^2。这种耕地占山区总耕地面积的 61%。这种粗放经营的耕种方式，大大加重了水土流失，破坏了土地的内在生产能力，阻碍了农村经济的发展。

三是生产建设占地，破土面积扩大。随着国民经济的发展，开矿、修路、建厂、采石、修水利工程和其他生产建设日益增多，破土面积不断扩大，任意倾倒弃土弃渣，破坏植被，破坏基本农田。这种一边治理、一边破坏，一方治理、多方破坏的矛盾，在一定程度上加剧了水土流失。

（三）水土流失的危害

水土流失既是土地退化和生态恶化的主要形式，也是土地退化和生态恶化程度的集中反映，对经济社会发展的影响是多方面的、全局性的和深远的，甚至是不可逆的。

山东的水土流失遍布整个山区、丘陵区和平原风沙区，据《山东水利》，全省每年平均流失的土壤达 2.53 亿 t，相当于在 6.7 万 hm^2 土地上每年剥去近 30 cm 的土层。水土流失极大地破坏了水土资源，水资源可利用量减少，水库、河、湖淤积，自然灾害加剧。

1. 破坏土壤质地，生产能力下降

熟化的表土层，经年复一年的流失，由厚变薄，土壤质地逐渐由沙壤土演变为沙土、粗沙土、砾质土，直至裸岩，大量的土壤有机质和氮、磷、钾养分也随之丧失，大大降低了土壤调节水、肥、气、热的能力。据《山东水利》，全省已形成 36.15 万 hm^2 的石化、沙化面积，加剧了人地矛盾，使万物赖以生存而又无法替代的自然资源，失去了利用价值。

2. 降低径流调节能力，水资源可利用量减少

水土流失所造成的土层瘠薄，植被衰退，生态环境恶化，极大地降低了生态环境对降水的调节能力，导致了汛期径流系数加大，汇流时间缩短，非汛期径流减少，洪、旱灾害加剧，水资源的可利用量减少，增加了防洪抗旱的负担。例如，在水土流失加重的山区河道，水土涵养能力

降低，旱涝灾害更为突出。

3. 淤积库塘河道，缩短工程寿命

严重的水土流失，导致大量泥沙进入河流、湖泊和水库，削弱河道行洪和湖库调蓄能力，泥沙淤积不仅已成为湖库调蓄能力下降的主要原因之一，也给水利工程等基础设施带来重大隐患和毁坏，造成工程效益衰退，使用寿命缩短。例如，五莲县的长城岭水库，运用23年已淤积239.4万 m^3，占兴利库容的49.9%；临沂市已有近千座小型水库、塘坝淤平报废；平原河道由于淤积，河床抬高，一些水利、交通设施失去了应有的作用，造成重大的损失。

4. 削弱生态系统功能，加剧贫困，加重旱灾损失和面源污染

水土流失破坏土地资源、降低耕地生产力，不断恶化农村群众生产、生活条件，制约经济发展。水土流失对全省生态安全和饮水安全构成严重威胁。水土流失与生态恶化互为因果。一方面，水土流失导致土壤涵养水源能力降低，加剧干旱灾害；另一方面，水土流失作为面源污染的载体，在输送大量泥沙的过程中，也输送了大量化肥、农药和生活垃圾等面源污染物，加剧水源污染。

二、水生态环境总体状况仍令人堪忧

（一）水生态现状

多年来，山东省水资源开发利用率较高，但由于对水资源过度和不合理的开发利用，水生态环境受到破坏，水环境状况恶化，对工农业生产和人民生活产生了负面影响。近年来，各级各部门加大了保护水环境的工作力度，狠抓水污染治理，全省水体质量有所好转，但水生态环境总体状况仍令人堪忧。

1. 河流、湖泊、水库水质污染仍然严重，富营养化明显

据1980～2002年的监测资料，全省大部分河流水质为劣Ⅴ类，主要污染源来自城市生活污水和工业废水排放，主要超标污染参数为高锰酸盐指数、氨氮含量、化学需氧量和溶解氧量等。从“十五”以来山东河流水质表（见表4-1）可见，尽管Ⅰ类、Ⅱ类水质河长比例有所增加，Ⅴ类水质河长比例明显减少，但2/3以上河长为劣Ⅴ类水质，且劣

Ⅴ类水质河长比例逐年增加。2003 年，水质超过Ⅲ类的超标河长比例达 90.49%。从“十五”以来山东湖泊水质表(见表 4-2)看，全年期监测评价大明湖一直是劣Ⅴ类，南四湖水质也未见明显好转，南四湖和大明湖水质均呈富营养状态。从“十五”以来山东水库水质表(见表 4-3)看，全省大中型水库全年期水质状况不容乐观，Ⅲ类和Ⅳ类水质水库比重增加。在 2003 年评价的 30 座水库中，只有 7 座为中营养，其他 23 座都为富营养。

表 4-1　“十五”以来山东河流水质表

年份	监测河段(个)	总代表河长(km)	Ⅰ类水质代表河长(%)	Ⅱ类水质代表河长(%)	Ⅲ类水质代表河长(%)	Ⅳ类水质代表河长(%)	Ⅴ类水质代表河长(%)	劣Ⅴ类水质代表河长(%)	Ⅲ类以上超标水质代表河长(%)
2001	70	4 855.4	0.00	3.40	1.30	18.80	10.40	66.10	95.30
2002	66	4 389.4	0.00	3.08	9.05	12.67	8.17	67.03	87.87
2003	70	4 855.4	0.49	4.92	4.10	12.84	5.80	71.85	90.49

表 4-2　“十五”以来山东湖泊水质表

年份	南四湖				大明湖
	微山湖	南阳湖	昭阳湖二级湖闸上	昭阳湖二级湖闸下	
2001	Ⅴ类	劣Ⅴ类	劣Ⅴ类	Ⅳ类	劣Ⅴ类
2002	劣Ⅴ类	劣Ⅴ类	劣Ⅴ类	Ⅲ类	劣Ⅴ类
2003	劣Ⅴ类	劣Ⅴ类	Ⅳ类	Ⅴ类	劣Ⅴ类

表 4-3　“十五”以来山东水库水质表

年份	评价大中型水库(座)	Ⅰ类水质水库(座)	Ⅱ类水质水库(座)	Ⅱ类水质水库(%)	Ⅲ类水质水库(座)	Ⅲ类水质水库(%)	Ⅳ类水质水库(座)	Ⅳ类水质水库(%)	Ⅴ类水质水库(座)	Ⅴ类水质水库(%)	劣Ⅴ类水质水库(座)	劣Ⅴ类水质水库(%)
2001	30	0	3	10.0	13	43.3	11	36.7	3	10.0	0	0.0
2002	30	0	2	6.7	12	40.0	10	33.3	3	10.0	3	10.0
2003	30	0	1	3.3	15	50.0	13	43.3	0	0.0	1	3.3

2. 地下水超采，平原区地下水位下降，沿海地区海咸水入侵，水环境灾害仍较严重

经分析计算，1975 年以来全省累计超采地下水 100 亿 m^3，其中平原区超采 69 亿 m^3、山丘区超采 31 亿 m^3。大量超采地下水，一是造成地下水超采漏斗区面积扩大，平原区地下水位下降。1979 年全省地下水超采漏斗区面积仅 28.31 万 hm^2，2002 年末达 275.87 万 hm^2，占全省平原淡水区面积的 40%。因 2003 年为丰水年，超采地下水现象得以缓解，漏斗区面积才减少为 134.08 万 hm^2。除 2003 年外，平原区地下水位基本呈下降趋势，这样原有机井大批报废，损失巨大，新打机井变深，单井出水量变小，效益降低。二是导致了严重的海咸水入侵。据有关部门普查，胶东沿海有 19 个县（市、区）海咸水入侵面积达 10.06 万 hm^2。这不仅使淡水资源减少，也造成工农业生产供水和人畜饮水困难。三是地面沉降、房屋裂缝、道路毁坏、河堤开裂以及水质污染等严重水环境灾害发生。

3. 由于水体污染，防治污染、净化水质方面的投入负担加重

农药、化肥的大量施用，工业和生活污废水、废料、垃圾等未经处理就直接排入河道或就地处置，以及水产养殖等生产活动都是造成水体污染的直接原因。2000～2003 年山东废水排放表（见表 4-4）显示，废水排放总量虽然都在 25 亿 t 以内，但除 2002 年略有下降外，基本呈增加趋势。4 年来生活污水排放量逐年增多，2003 年工业废水排放量为 4 年最高值，废水中主要污染物为化学需氧量（COD）和氨氮等。这些废水大多直接排入河道，造成水体污染日趋严重。不言而喻，各级政府也加大了污染防治力度，工业废水排放达标率逐年提高，工业废水治理项目完成投资额增加。特别是造纸及纸制品工业的废水排放量减少，其占工业废水排放总量的比例也逐年下降。但要完成全省主要污染物排放总量控制指标，任务依然十分艰巨。

（二）主要问题

1. 对于生态修复的艰巨性、长期性和复杂程度认识有待进一步提高

水生态系统保护与修复工作是一个全新的领域，我国尚无经验，目

前我们对河湖生态修复的艰巨性、长期性和复杂程度缺乏足够的认识,如果盲目地一哄而起,最后可能会使全省经济蒙受损失。要立足于实现生态省建设目标任务,树立科学发展观,调整思路,创新机制,坚持开源节流并重、开发保护并举的方针,有效增加投入,携手共建一个永续平衡的水环境可持续发展体系。

表4-4　2000~2003年山东废水排放表

年份	废水排放总量(亿t)	生活污水排放量(亿t)	生活污水排放量(%)	工业废水排放量(亿t)	工业废水排放量(%)	造纸及纸制品工业废水排放量(亿t)	造纸及纸制品工业废水排放量占工业废水排放总量(%)	工业废水排放达标量(亿t)	工业废水排放达标率(%)	工业废水治理项目本年完成投资额(亿元)
2000	22.9	11.87	51.8	11.03	48.2	4.16	38.2	10.3	93.13	11.96
2001	23.5	12.00	51.0	11.50	49.0	3.90	33.4	10.8	93.96	10.79
2002	23.1	12.40	53.8	10.70	46.2	3.30	30.8	10.3	96.37	15.70
2003	24.6	13.00	52.8	11.60	47.2	3.30	30.1	11.3	97.12	16.10

2. 水生态系统监测工作有待加强

现阶段山东省在水质指标监测方面成效明显,但水生态系统监测工作进展还不能适应社会经济发展的需要,下一步应尽快完善水生态系统监测指标体系,并加强这方面的监测、评价与发布,使数据更具有科学性、权威性、针对性。

3. 水生态保护投入有待进一步提高

环境保护投入不足是造成水生态环境恶化的重要原因之一,近年来虽然全省环境保护投入占财政支出的比例越来越高,但还是无法满足水生态保护的要求,而且部分地、市、县至今没有落实。

4. 水行政管理体制有待深化和改革,水资源管理模式有待进一步创新

近年来,全省各地逐步探索建立了集城乡水源、供水、用水、排水、污水处理与回用、防洪等管理职能为一体的水务局。到2003年全省89个县(市、区)成立了水务局或实行水务一体化管理,占县(市、区)

总数的64%。但在充分发挥市场配置资源,切实解决地方保护、部门职能交叉造成的政出多门、责任不落实、执法不统一等问题,实现由“多龙管水”、以人治为主,向“一龙管水”、法制化管理转变,为社会提供优质服务等方面,任重道远。

第五章　水利现代化之路

第一节　以人为本的治水思路

进入21世纪以来,中共中央相继提出了科学发展观及建设和谐社会的理念。这就要求我们转变观念,调整思路,努力适应科学发展观及和谐社会建设对水利工作的新要求,在水利工作的各个环节上落实科学发展观,坚持"以人为本",做到科学治水,以实现人水和谐共处的水利工作目标。

一、以人为本是当前做好水利工作的根本出发点

水利工作坚持以人为本,就是要把广大人民群众的根本利益作为水利工作的出发点和落脚点,着力解决好与人民群众利益密切相关的水问题,尤其要关注弱势群体的利益诉求。社会与经济发展对水利提出的饮水保障、防洪安全、粮食供给、经济发展和生态环境改善五个层次的需求,最终目标都是为了人,为了保障人的生命安全和健康,提高人们的生活质量。为此,水利工作要把满足人对水的基本需求,解决群众的饮水安全作为首要任务,切实让人民群众喝上卫生水、放心水;要把防洪减灾作为头等大事,建立牢固的综合防洪体系,保障人民群众的生命财产安全;要把改善欠发达地区人民的生产生活条件和改善水生态环境作为工作重点,加强农村水利扶贫和城市河湖水系整治,不断改善生存环境,提高广大人民群众的生活水平和质量。

以人为本的治水思路,要求我们研究水问题必须着眼于努力把握人与水之间关系的平衡,寻求人与水、人与人的和谐发展及其合理性关系,把人的发展同水的消耗、环境的退化、生态的胁迫等联系在一起,通过舆论引导、伦理规范、道德感召等人类意识的觉醒,实现人与水、人与

人之间关系的协调，更通过法制约束、社会制度、文化导向等活动，体现人与水、人与人之间关系的和谐与协同进化。用人与水和谐相处带动与促进人与自然和谐相处，使人们在优美的环境中工作和生活。

以人为本的治水思路，要求我们大力发展资源水利、绿色水利、和谐水利、民生水利，一切从人民群众的根本利益出发，以保证国民经济、社会发展和满足人民群众日益增长的用水需求为目的。以水资源环境的良性循环和满足水利可持续发展的需要为目标，优先解决与人民群众切身利益密切相关的水问题，把切实保障人民群众的生命安全和健康作为首要目标，通过水资源的合理开发、高效利用、优化配置、全面节约、有效保护和综合治理，不断提高城乡居民的生活质量，改善人居环境和生产条件，不断提高水的安全保障程度。坚持人与自然和谐相处，以可持续发展为目标，防洪抗旱并举，兴利除害结合，开源节流并重，量水而行，以水定发展，在保护中开发，在开发中保护，按照优化开发、重点开发、限制开发和禁止开发的不同要求，明确不同河流或不同河段的功能定位，实行科学合理开发，强化生态保护。在约束水的同时，必须约束人的行为；在防止水对人的侵害的同时，更要防止人对水的侵害；在对水资源进行开发、利用、治理的同时，更加注重对水资源的配置、节约和保护；从无节制的开源趋利、以需定供转变为以供定需；在以工程措施治理水的同时，必须大力运用法律、经济、行政和科技等综合措施，进一步规范和调节与水相关的人与人、人与社会的关系，实行自律式发展，在治水中尊重自然规律。在防洪减灾方面，要科学安排洪水出路，合理利用雨洪资源；在应对水资源短缺方面，要协调好生活、生产、生态用水，全面建设节水型社会；在水土保持生态建设方面，要加强预防、监督和治理，充分发挥大自然的自我修复能力；在水资源保护方面，要加强水功能区管理，制定水源地保护监管的政策和标准，核定水域纳污能力和总量，严格排污权管理。依法限制排污，全力保证饮水安全。坚持用水公平公正，营造稳定良好的用水秩序，在保障经济社会发展用水需求的同时，更加重视农村饮水安全问题，更加重视困难群众和弱势产业的用水需求，更加重视水库移民的合法权益，促进人水和谐，确保水利发展成果惠及全体人民。建立健全制度保障体系，加强水资源环境的统一管理、依法管理和科学管理，按照科学规划、供需协调、综合平衡、保护生态、厉行节约、合理开源的原则，建立以经济手段为主的节水机制，形成自律式发展的节水模式，合理确定各流域和流域内不同地区、不同领域、不同行业的用水指标，建立总量控制与定额管理相结合的新型水资源管理制度，有效提高用水效率和效益，以水资源的可持续利用保障经济社会的可持续发展。

二、坚持以人为本，大力发展现代水利

大力发展现代水利，要坚持以人为本，落实科学发展观，采取工程、行政、经济、科技、法律等综合措施，全社会共同行动起来，治水、爱水、管水，特别把解决民生问题放在更加突出的位置，全力保障水利的可持续发展。

（一）以人为本，转变观念，严格按客观规律办事

坚持全面规划，统筹兼顾，标本兼治，综合治理。通过制定水资源综合规划、防洪规划等一系列规划，统筹解决各种水问题，通过合理开发水资源、高效利用水资源、合理配置水资源等，基本满足人类生存、经济社会发展和生态环境保护对水的需求；通过规范和调节人类水事行为，彻底制止对生态环境和水资源的破坏和掠夺性开发行为，实现人与自然和谐相处；使水利对经济社会发展以及生态环境保护的支持与保障达到较高的水平，经济社会发展以及生态环境的安全基本得到保障，经济社会抗御水旱灾害风险的能力达到较高的水平，基本达到洪旱无恙，人居环境得到较大程度的改善，环境良好，基本实现水资源与经济社会协调发展。

（二）坚持以人为本，推进民生水利事业新发展

发展民生水利，就是要更加强调以人为本，顺应人民群众过上更好生活的新期待，以解决人民群众最关心、最直接、最现实的水利问题为重点，以政府主导、群众参与、社会支持为途径，构建城乡统筹、区域协调、人水和谐的水利基础设施体系，使人人共享水利发展与改革成果。这是深入贯彻落实科学发展观的必然要求，也是当前水利工作的重中之重。推进民生水利事业新发展，就要从我国的国情和水情出发，从不

同地区、不同流域的实际出发，努力在重点领域和关键环节取得新的突破：一要在防灾减灾中突出民生，始终把保障人民群众的生命安全和饮水安全放在防汛抗旱工作的首位，把群众生命安全作为防洪调度的最高原则，把受灾群众的基本生活需要作为群众安置和救灾工作的重中之重。二要在水利建设中突出民生，要把人民群众直接受益的设施作为建设的优先领域，拓宽民生水利服务范围，增强民生水利服务功能。三要在水利管理中突出民生，要把维护群众的基本需求与合法权益放在水利管理中的突出位置，切实保障群众在水资源开发利用、城乡供水保障、用水结构调整、水利移民安置、蓄滞洪区运用补偿等方面的合法权益。四要在水利改革中突出民生，要把水利改革力度、发展速度和社会可承受程度统一起来，在推进水权改革、水价改革、农村水利改革等过程中切实保障群众的切身利益，使水利改革过程成为不断为民造福的过程，让水利改革成果真正惠及人民群众。

（三）大力发展循环经济，构筑与水资源承载力相适应的经济结构体系

循环经济以"低开采、高利用、低排放"循环利用模式代替"高开采、低利用、高排放"，真正实现了经济运行过程中"资源—产品—再利用资源"的反馈式流程。通过物质的不断循环利用来发展经济，使经济系统和谐地纳入自然生态系统的物质循环过程中，实现经济活动的生态化。因此，我们要大力发展循环经济，并使循环经济逐步达到规范化、法制化、普遍化、经常化。同时，要尽快转变经济增长方式，合理调整经济结构，从全局出发，按照一个地方、一个区域的水资源状况来科学规划经济社会的发展布局，在水资源充裕地区和紧缺地区打造不同的经济结构，从传统的以需定供转为以供定需，量水而行，以水定发展，根据水资源承载能力，制订地区产业结构和布局调整方案，建立与区域水资源和水环境承载力相适应的经济结构体系，推进资源利用与经济社会协调发展。

（四）进一步完善大江大河的防洪减灾体系

要不断完善防洪抗旱的工程和非工程体系，构建高标准的城市防洪排涝饮水体系，建成全面的防洪减灾体系，并公之于众，提高公众的

水患意识、自身避险意识,建立防洪抗旱、救灾及灾后重建机制。逐步推行洪水保险制度,完善洪水调度手段,并组织科技联合攻关,加强防洪减灾社会化、蓄滞洪区管理与运用、洪水资源利用和城市蓄滞雨水措施、跨水系或流域洪水调度、适应洪水的农业和产业结构、洪水灾害评估系统、防洪减灾投资与集资政策、不同江河不同防洪工程的最佳防洪标准、防汛抢险实用现代技术等方面的研究,大力提高防洪减灾科技水平,不断提高抗御水旱灾害的能力,使防洪能力与经济社会发展水平和洪水特点相适应。从整体安全的角度对洪水进行优化调度,把灾害损失降低到最低程度。保障经济发展和社会安全对防洪的要求,保障大江、大河、大湖和沿海主要防洪保护区及城市的防洪安全,保障人民生命财产的防洪安全,保障经济社会的安全运行和稳定发展。

(五)构建水资源配置网络体系

各区域应结合本地实际,形成调配自如、运行高效的水资源配置和供水网络体系,对天然水系统的调控能力达到较高的水平,实现不同地区、不同用水户、天然与人工水系统间的合理调配。例如,山东省以科学发展观为指导,大胆开拓创新,打破传统的一个流域、一座水库、一条河道、一个灌区的单一治水模式,通过多库串联、库河关联、水系联网,搭建现代化水网体系,同时对现有水资源节约、保护并重,生态、景观兼筹,已初步构建起水资源配置网络体系。

(六)建设维护良好的水环境和生态系统

以解决水问题为先导,将水利发展与粮食生产、消除贫困、生态保护等紧密结合起来。例如,对生态问题严重的河流流域,采取节水、防污、调水等措施予以修复,涵养水资源;在地下水超采区,采取封井、限采等措施,保护地下水;对水土流失等生态脆弱地区,注重发挥大自然的自我修复能力,实行退耕还林、封山禁牧禁柴等措施;同时,解决好生态修复区人口的粮食问题、经济发展和脱贫等问题,为实施自然修复创造条件;建立维护生态环境安全的水利保障体系,按照可持续发展和生态环境保护的要求,对水系统进行合理的调配,基本保障最小生态环境用水,把人类活动对生态环境的影响降低到最低程度,使水污染状况得到全面改善,水资源质量状况基本满足水功能区的要求;不断改善自然生态和美化生活环境,努力建设人与自然和谐共处的优美人居环境。

(七)建立适应市场经济的较为完善的水利发展体制、机制和水市场体系

要实现我国水资源安全,特别是干旱区的水资源安全,就必须研究和创新水资源管理体制与机制。例如,突破束缚水利发展的体制性和机制性障碍,建立政府宏观调控、用水户参与、市场调节相结合的水市场体系;建立稳定的政府投入机制与渠道,形成多元化、多渠道、多层次的水利投资体系;建立规范的水价形成机制,综合运用经济杠杆,基本适应社会主义市场经济体制,能够发挥对水资源配置的基础性作用,水利建设与管理能够基本实现良性发展。大力加强节水型社会建设,实现水资源的可持续利用。

(八)加强水危机管理,提高应急应变能力

水对人类的生存与发展具有不可替代的地位和作用,随着水环境系统受到人类活动的日益严重的影响,水危机日益显现。水危机管理包括洪水危机管理、枯水危机管理、水环境危机管理和水生态危机管理。例如,加强宣传教育,大力提高全社会的水危机意识,防止人为造成的水危机。按照居安思危,预防为主,统一领导,分级负责,以法规范,加强管理,快速反应,协同应对,依靠科技,提高素质的原则,建立健全全社会以防为主,防、控、治三位一体的安全保障体制和应急应变机制;制订完善各种应急预案,提高应对各种突发事件的快速反应能力,并且加强日常的风险管理工作,把危机事件所造成的损失减少到最低程度。

水危机管理不仅仅是水行政主管部门的事,还应当把危机管理变成全社会的活动,加强社会管理。要从维护河流健康、水资源安全、饮水安全、生态环境安全、粮食安全、国家安全、人民生命安全的高度出发,建立健全水资源环境安全的法律制度和保障系统,及时进行资源环境风险识别、评价、预报、预防、控制、消除,保护人类在生产、生活等方面不受水土流失、水环境污染和破坏等影响,使危机管理制度化、法制化、政策化,确保水安全,维持河流健康生命,促进社会、经济、环境全面协调可持续发展。

总之，治水、兴水、管水都要依靠人，都是为了人。因此，在一切水事活动中都要充分尊重人的尊严和权利，充分调动群众的积极性和创造性，将广大人民的根本利益放在最优先的位置；要把实现好、维护好、发展好最广大人民的根本利益作为一切水事活动的出发点和落脚点；要着眼于促进经济社会的发展，使广大人民群众共享水利发展成果。

第二节 人水和谐相处的治水理念

人水和谐包括人与自然的和谐、人与水的和谐以及人自身水的和谐三个方面。人水和谐就是把人类的治水实践推进到人与水和谐发展的新阶段，经过坚持不懈的努力，人水和谐从抽象的哲学概念，转变为科学治水的生动实践和可持续发展的新境界。

一、人水和谐相处的重要意义

近年来，随着我国社会经济的高速发展和人类活动的影响，人们毫无节制地向大自然进行索取掠夺，使水资源紧张，污染加剧，水体功能弱化或丧失正常功能，不能维持其社会与经济价值，改变了水文循环平衡，并且降低了水质，直接影响人类对水的基本需求。该后果是隐性、广泛和滞后的，当长期作用累积超过承受阈值时，就会危及自然环境、社会经济系统的正常运转和良性循环，进而引发一系列水安全问题。我们在防止水对人侵害的同时，更要防止人对水的伤害，如果人对水的侵害不及时控制，反过来又将出现水对人类更大的伤害。水资源问题，关系国计民生，具有广泛的社会性。水利工作涉及政府、社会、公众等方方面面，矛盾交织，情况复杂。因此，要正确处理经济发展、社会发展和人的全面发展的关系，正确处理发展速度和结构、质量、效益的关系，正确处理经济社会和人口、资源、环境的关系，以及人与人、地区与地区、人与自然、局部与整体、眼前与长远、当代与未来的关系，统筹解决社会中存在的阻碍和影响环境与资源问题的社会深层次矛盾，消除阶级、种族以至国家间的资源环境歧视，通过实现人类社会内部的和谐，进而达到人与自然的和谐，维护当代人之间的公平、当代人与后代人之间的公平、不同区域之间的人的公平。量水而行，以水定发展，使经济社会发展与水资源和水环境的承载能力相适应，提高用水效率和效益，大力发展循环经济和环保产业，合理利用自然资源和环境容量，在物质不断循环利用的基础上发展经济，使经济系统和谐地纳入到自然生态系统的物质循环过程中，实现经济活动的生态化，使整个社会走上生产发展、生活富裕、生态良好的文明发展道路。坚持推进资源利用与经济社会协调发展，以水资源的可持续利用支持社会经济环境的可持续发展，保障饮水安全、食物安全、经济安全、健康安全、环境安全、社会安全。

人水和谐，是人与自然关系的核心，是可持续发展水利的核心理念，是科学治水实践的更高境界，是水利工作的最终目标，也是建设社会主义和谐社会的重要内容。人水和谐相处的重要意义有以下四个方面。

（一）人水和谐是落实科学发展观，实现科学治水的最终目标

进入21世纪以来，中共中央相继提出科学发展观及建设和谐社会的理念，这就要求我们转变观念，调整思路，努力适应科学发展观及和谐社会建设对水利工作的新要求，在水利工作的各个环节上落实科学发展观，做到科学治水，以实现人与自然和谐相处。水利行业落实科学发展观，就是要运用现代治水手段最终实现人水和谐共处的目标。当前建设社会主义新农村、建设城市水利、构建和谐社会，面临着一个个全新的工作领域，决不能再沿用过去从事农村水利和工程水利的传统模式来谋划新时期的可持续发展水利。我们要坚持“以人为本”，把人的需求作为第一目标，通过科学治水，来满足人们亲水、近水、爱水的要求，把自然之水与新农村建设、水环境景观、人文历史等统筹考虑，打造人水和谐融洽的新农村和城市水环境，为构建社会主义和谐社会奠定基础。

（二）人水和谐是建设社会主义和谐社会的重要内容

人与自然和谐相处是社会主义和谐社会的重要方面，而人与水和谐相处是人与自然和谐相处的重要体现，也是人与自然和谐的本质，和谐社会不可缺少人与水的和谐。试设想，一个国家、一个地区的地下水出现大范围漏斗，导致海水入侵、地面塌陷，地上有水皆污，洪涝灾害频发，人畜饮水困难，水土流失严重，风沙肆虐等，社会安全必然受到严重威胁，更谈不上社会和谐。因此，人水和谐在建设社会主义和谐社会中具有重大作用。

（三）人水和谐是强化水资源统一管理的现实要求

要实现人水和谐共处的目标，必须加快水资源管理体制改革，强化水资源统一管理，为建设人水和谐的可持续发展水利提供有力的体制支撑。对一些水事务，诸如防洪排涝、水系整治、河道清淤、供水排水、污水管理等实行统一管理，可以减少多部门治水、管水上存在的职能交叉、推诿扯皮等弊端，可以更好地统筹规划好水事务，加快可持续发展水利进程，也可以更好地优化配置水资源，提高水资源的综合利用水平，充分发挥水工程、水环境的社会效益及生态环境效益。因此，要着眼于人水和谐的可持续发展水利大局，加快推进水资源统一管理进程，为人水和谐目标的早日实现，提供强有力的制度和政策支持。

（四）人水和谐是以水为魂，建设现代水文化的核心内容

和谐即真、善、美，和谐也是一种文化，延伸到水，就是要实现人与水的和谐。随着经济社会的发展，人们对精神文化生活的需求不断提高。因此，面向未来，应把水与文化融合起来，把水的自然之美与文化的精神之美结合起来，努力赋予水利工程更多的文化内涵，使注入文化内涵的水极富灵性，使承载了水的文化极具感染力。要通过文化内涵的注入，让水利工程变得丰满、形象、生动，使水利工程成为充满生机和活力的展示文化、传承文明的一个载体。例如，在整治河道、改善水质、兴建工程的同时，坚持做大、做优、做美水文章，把历史文化与现代文明相互结合；建成一批富有水文化内涵的景观河道、特色景点，使人们在近水、亲水、嬉水的同时，通过观赏水文化景点，了解本地的历史、现在，既可以放松身心、愉悦心情，又可以学到知识、增长见识、开阔视野，进一步增强人们爱祖国、爱家乡的情感，激发人们立足本职岗位、无私奉献的豪情。

二、人水和谐的基本内涵

人水和谐，即人与水相互依存、和谐共处，是人与自然和谐的本质。

人水和谐的基本内涵主要有以下三个方面。

(一)在观念上,要牢固树立人与自然和谐相处的思想

在大尺度上,人与自然都是一个复杂生态系统的组成部分。在这个系统中,人与水既有主客体的对立,又有主客体的统一。人水关系中,人是主导方面。正是因为人类不合理的活动,才加重了人水关系的紧张,激化了人水矛盾,导致人类遭受河流的报复。要改变这种对抗,必须首先牢固树立人与自然和谐相处的理念。须知,自然界的基本结构单元是多种多样的生态系统。处于一定时空范围内的生态系统,都有特定的能流和物流规律。只有顺从并利用这些自然规律来改造自然,人们才能持续取得丰富而又合乎要求的资源来发展生产,从而保持洁净、优美和宁静的生活环境。

(二)在思路上,要从单纯的治水向治水与治人相结合转变

回顾长期以来的治水做法,总是"头痛医头,脚痛医脚",片面强调治水而忽视或有意回避对人类活动的治理。例如,为了经济社会的发展,我们不惜占用本来供河流行洪的滩地和低洼地带,把厂矿企业和城镇布置在洪水高风险地区,而不去主动避让洪水。一旦遇到洪水,总是水来土掩,拼命加高加固堤防,反而带来更大的风险。又如,为了满足高耗水产业的用水需求,则千方百计地开发水资源,导致河流干涸、地下水严重超采,结果是越缺水越开发,越开发越缺水,形成了恶性循环。再如,面对严重的水资源污染和水土流失,人类最先想到的是对污染进行稀释,对流失进行治理,而忘记了正是人类活动本身才是污染和流失的根本原因。总而言之,水资源问题虽然表现在水上,根子则在岸上,在人类这方面。采取各种技术手段治理水问题固然极为重要,但终究还是治标,只有调整人与水的关系,抓住人类活动这个中心,对人类行为进行约束,才是治本之策。

(三)在行为上,要正确处理保护与开发之间的关系

水问题看起来多种多样,但是究其根本,则是保护与开发脱节。我们必须认识到,保护与开发成为一对矛盾,乃是工业化过程中的必然。尤其是对中国这样一个发展中国家,解决经济社会发展中的诸多制约,例如能源制约、水资源制约、生态环境制约,仍然不可避免地需要开发利用水资源。同时,开发又必须是可持续的,要把在开发中落实保护,在保护中促进开发作为一条最基本的原则。围绕这一原则需要落实一些具体的行动措施。当前特别需要加强两个方面的措施:第一,强化水资源承载能力和水环境承载能力的约束。按照不同区域、不同河流、不同河段的功能定位,合理有序规范经济社会行为。在水资源紧缺地区,产业结构和生产力布局要与两个承载能力相适应,严格限制高耗水、高污染项目。在洪水威胁严重地区,城镇发展和产业布局必须符合防洪规划的要求,严禁盲目围垦、设障、侵占河滩及行洪通道,科学建设、合理运用分蓄洪区,规避洪水风险。在生态环境脆弱地区,实行保护优先、适度开发的方针,加强生态环境保护,因地制宜发展特色产业,严禁不符合功能定位的开发活动。第二,建立流域共同体。流域既是一个自然单元,也是一个经济单元、文化单元。流域内各区域是以水系、流域为纽带的共同体,这种共同体不仅体现在共同保护流域的责任和义务上,而且也体现在经济社会发展的互相支持和帮助上。非保护区域、非限制开发区域、经济较发达区域,应当更多地承担起保护的责任和义务。可以设想,通过政府转移支付、征收保护基金、建立补偿机制、移民等多种方式,将生态脆弱地区对河流开发的需求转化为对河流保护的需求。

人水和谐是以人为本的和谐,首先要建立健全完善的防洪减灾体系,实现水安全。在防洪方面,防洪能力要与经济社会发展水平和洪水特点相适应,基本保障经济发展和社会安全对防洪的要求,基本保障人民生命和财产的安全,为经济社会的安全运行和稳定发展提供保障。防洪减灾系统运用自如、安全程度高,保障从整体安全的角度实现对水的优化调度。在减灾方面,要大力加强农田水利基础设施建设,为农业生产提供适宜的水分环境,把水旱灾害损失降低到最低程度;要有效控制水土流失,防止泥石流等灾害的发生;要控制水污染,保障经济社会和生态环境供水安全;要实现地下水采补平衡,避免过量开采地下水引起的地质灾害。水利对经济社会发展以及生态环境保护的支持与保障达到较高的水平,经济社会抗御水旱灾害风险的能力达到较高的水平,基本达到水害无恙。这是人水和谐的基本要求。

其次，要充分发挥水的服务功能。通过合理开发水资源、高效利用水资源、合理配置水资源等，基本满足人类生存、经济社会发展和生态环境保护对水的需求。在一定范围内形成系统调配自如、运行高效的水资源配置网络体系，对天然水系统的调控能力达到较高的水平，实现不同地区、不同用水户、天然与人工水系统间的合理调配。统筹考虑国民经济各部门和社会发展以及生态环境建设对水资源供给的保障要求，科学合理地制订水资源分配方案，合理预测未来经济发展及由此而可能产生的水问题，提前采取预防和控制措施。优先满足城乡人民生活用水要求，为城乡居民提供安全、清洁的饮用水；基本满足国民经济建设用水，为日益增长的经济建设，特别是城市和工业提供稳定、可靠的供水；努力改善生态环境用水状况，促进生态环境良性循环，保障经济快速、持续、健康、可持续发展。

再次，要建设和维护良好的水环境与生态系统，实现水生态的良性循环。人类通过规范和调节水事行为，彻底制止对生态环境和水资源的破坏与掠夺性开发行为，把人类活动对生态环境的影响降低到最低程度。建立维护生态环境安全的水利保障体系，能够按照可持续发展和生态环境保护的要求，对水系统进行合理的调配，保障最小生态环境用水。水污染状况得到全面改善，水资源质量状况满足水功能区的要求，不断改善自然生态和美化生活环境，努力建设人与自然和谐共处的优美人居环境，基本实现水资源与经济社会协调发展。

最后，要提高全社会珍爱水、保护水和节约用水等意识，建立完善的水管理保障体系，包括建立起完善的水法规体系和执法体系，用法规规范人类水事行为，建立适应现代化发展要求的水管理体制和机制，建立起流域与区域、开发与保护、水量与水质、城市与乡村、地表水与地下水、取水与用水、供水与排水相结合的水资源统一管理制度，加强水资源的宏观调控，建立现代水权及其流转制度，实现水务一体化管理。要做到工程管理制度健全，信息通畅，设备完好，管理高效，运行安全，运营机制良好。同时，还要充分挖掘水文化的丰富内涵，建造水景观、亲水工程等，创造以水为主题的非物质财富。

三、人水和谐的追求目标

人水和谐涵盖了水利与经济社会发展,水利工程与自然环境、人居环境的相互协调,其目标就是以人为本,实现人水两利。人水和谐的近期目标是实现水安全、水自身的良性循环和水利事业的良性循环,即实现水资源的可持续利用;远期目标是在逐步实现人水和谐共处的基础上建成社会主义和谐社会。

水利是国民经济和社会发展的重要基础设施、基础产业和命脉,历来是兴国安邦的大事,直接关系到食品安全、经济安全、社会安全、人民生命健康安全、生态安全、环境安全,乃至国家安全、世界安全,关系到人与自然的和谐和可持续发展,在国民经济和国家安全中具有重要的战略地位。无论是昨天、今天还是明天,水总是不可缺少的、不可替代的资源。人不能没有水,生产发展需要水,生态环境更离不开水;没有水,就没有人类社会的今天,更不可能建设和谐社会。没有水资源的可持续发展,便没有人类的可持续发展。

人与水的关系是人与自然关系中最密切的关系之一。目前,人与自然和谐已成为破解我国水资源问题的核心理念。一个不和谐的社会,必然出现人与人争水、地区与地区争水、人与生态环境争水、污染物与生态环境争水、污水与径流争河道、人与水争地等不良现象。长此以往,水利的可持续发展无法保证,最终导致全社会的崩溃。只有加强和谐社会建设,才能实现人水和谐,使人与自然和谐共处,促进水利可持续发展。

四、以人水和谐相处的治水理念,分析和解决水利发展中的重大问题

目前,洪涝灾害、水资源短缺、水污染和水土流失问题仍是制约我国经济社会可持续发展的重要因素。水利工作要坚持人水和谐相处的治水理念,深入分析和研究这些事关全局的重大水利问题的解决办法。

(一)防洪减灾

要调整防洪规划和防洪工作中的基本思路,实现由控制洪水向管

理洪水转变，在防御洪水对人类危害的同时，也要规范人类活动，给洪水留有出路，形成人与自然和谐的综合防洪减灾体系。防洪减灾体系的建立要更加注重人与洪水的关系，实现从单纯约束洪水的防洪目标向既要约束洪水，又要约束人类活动的综合防洪减灾目标转变。堤防、枢纽、蓄滞洪区建设相结合，工程措施与非工程措施相结合，搞好退田还湖、平垸行洪、河湖疏浚，在取得防洪减灾效益的同时，维系良好的生态系统和环境景观。要重视蓄滞洪区建设，在重点加强蓄滞洪区安全建设的同时，在条件允许的情况下，适度实施居民外迁，保障蓄滞洪区的正常启用。在水资源相对短缺的流域和地区，要重视洪水资源化，从单纯获得防洪减灾效益向既满足防洪减灾要求，又实现雨洪资源利用的综合效益转变。要特别强调在防御洪水对人类危害的同时，减少人类经济社会活动对水的侵害。通过加强社会洪水风险意识和推行防洪保险措施，强化对洪水的社会管理。要加强防洪调度，实现防洪指挥由经验模式向科学模式的转变。要在全国防洪规划和流域防洪规划的基础上，完善有效的政策措施和保障机制，使公众享有基本的防洪安全保障。

（二）水资源开发利用

要遵循水的自然规律和经济规律，充分考虑水资源承载能力和水环境承载能力，加强水资源的优化配置、合理开发、高效利用和有效保护，实现水资源的可持续利用。要按照人口、资源、环境与经济协调发展的要求，统筹协调各地区、各行业对水资源的需求，在全国水资源综合规划的基础上，实现政府对跨省（区、市）主要河流水资源在区域间的合理配置；建立我国的初始水权制度；严格实行水资源论证制度和取水许可制度；加强水的需求管理，保障水资源的开发利用与其承载能力相适应，与经济社会发展水平相协调。对水资源短缺地区，要加大节水力度，提高水资源利用效率和效益，实施跨流域调水工程，协调好生活、生产和生态用水。

（三）水生态环境保护

要正确认识和处理发展与保护的关系，既要发挥水利对经济社会发展的支撑保障作用和对生态环境的改善作用，也要进一步重视水利工程对生态环境可能产生的负面影响。对水环境污染区、地下水超采区、水土流失区和生态脆弱河流，要采取有效措施进行综合治理和有效保护。加强重点流域的水土流失治理，充分发挥大自然的生态修复能力，加快生态系统的自我恢复。水生态是城市发展的重要核心，应把水生态建设纳入城市总体规划。

（四）区域水利发展

对西部地区，要加强水利基础设施建设，加快南水北调西线工程前期工作并尽早实施，为西部经济快速增长、产业结构调整、生态环境改善和保护提供水利支撑；对中部地区，要进一步巩固防洪成果，以南水北调中、东线工程建设为契机，切实解决北方地区干旱缺水问题，全面提高防洪减灾能力和水资源配置能力；对东部地区，要运用先进的科技手段和管理手段，以防洪安全和建立节水防污型社会为重点，加快水利现代化进程；对东北等老工业基地，要以振兴老工业基地、支撑经济转型为目标，重点保障城市防洪、供水、改善水环境和粮食主产区灌溉用水。

（五）城乡水利发展

要按照城乡统筹发展的原则，考虑城乡水利发展的格局。把“三农”问题作为重点，大力加强以农村人畜饮水、大型灌区节水改造、牧区水利、水土保持、农村水电为重点的农村水利基础设施建设，保障国家粮食安全，促进农业增产、农民增收、农村经济发展。要根据城市化进程对水利的要求，积极探索城市水利发展的新模式。城市水利要以保障防洪安全、供水安全、生态环境安全和建立节水防污型社会为重点，加强城市防洪、供水设施建设，加强城市水源保护，强化城市节水和治污。

（六）水利信息化与现代化建设

要统筹国内发展和对外开放，积极推进水利科技创新，不断研究、引进和推广国外先进的科学技术，加大水利人才资源开发。大力提高水文信息采集、水利工程管理、防汛抗旱指挥调度、水资源运行调度的信息化水平，加强数字流域建设，以水利信息化推动水利现代化。要根据不同流域、不同地区的实际情况，因地制宜地确定水利现代化建设的目标和任务,积极稳妥地推进水利现代化工作。

(七)水资源统一管理与建设节水型社会

要按照《水法》的规定,进一步深化水资源管理体制改革,建立权威高效的流域和区域相结合的水资源统一管理体制;大力推行城乡水务一体化管理,实现地表水与地下水、城市水与农村水、水量与水质的统一管理;按照政府宏观调控和市场配置相结合的原则,探索和建立我国水权分配机制,逐步建立国家初始水权制度,建立和完善水资源宏观分配控制指标和微观定额控制指标,形成以经济手段为主的节水机制,不断提高水资源的利用效率和效益,实现水资源优化配置;要系统分析不同流域、不同地区水资源和水环境的承载能力,加强对水资源的供需管理,遏制对水资源的无序开发和利用,大力推进节水型社会建设。

第三节　城乡一体的供水保障体系

2011 年中共中央把水利提升到关系经济安全、生态安全、国家安全的战略高度,要求使城乡供水保证率显著提高,城乡居民饮水安全得到全面保障。山东省委、省政府也提出,保障城乡供水安全是各级政府的基本职责,也是衡量水利改革发展成效的重要标志,要进一步完善供水工程体系,优化配置水资源,解决好农村饮水安全问题,全面提高城乡供水保障能力。

一、加快水利工程基础建设,构建现代水网体系

山东省不仅水资源严重匮乏,而且时空分布极为不均,年内降水时间主要集中在 7、8、9 三个月份,降水量占全年的 70% 多;年际间变化更大;空间分布由鲁东南向鲁西北递减。全省水资源的可持续利用面临一系列挑战。通过实施库河串联、水系连通工程构建水网工程体系是山东省的首创。目前,由南水北调东线山东段和胶东调水工程等骨干调水工程构成的山东水网大框架已初步形成,部分市县的区域水网陆续建成运行,水网工程体系在水资源开发利用、综合调度和优化配置

中起到了至关重要的作用。

（一）建立现代水网的意义

构筑现代水网工程体系，是立足于基本水情、国情，加快建设现代水利，为经济社会可持续发展提供水安全保障的迫切需要。现代水网建设考虑了多水源、跨流域、多工程的特点，利用渠道或河道将不同水源连成一体，充分发挥地下和地表蓄水工程的调节作用，将丰水期和丰水年的水留到枯水期和枯水年用，将水资源相对充足流域的水调到用水量大且水资源贫乏的流域。同时，水网的形成可以实现地表水和地下水的联合调度，在地表水少时多供地下水，减少系统的水资源浪费。通过水网建设和多种水资源的调度，在一定程度上提高系统供水的可靠性和供水保证率。

（二）现代水网内涵

水网，是以水库湖泊为调蓄中枢，以河道渠系为主要输水载体，串联调配各个水系和各类水利工程，形成资源互为调配补给的工程体系。现代水网，是在现有水利工程架构的基础上，以现代治水理念为指导，采用当代先进的工程技术和管理手段，进行整合与提升，使之形成集防洪、供水、生态等多功能于一体的复合型水利工程网络体系。

（三）建设山东现代水网

新中国成立以来，在历届省委、省政府的领导下，全省人民坚持疏浚河湖、建库蓄水、修渠引水、治山改水，建成了一大批水利工程，有力地夯实了山东现代水网建设基础，为全省经济社会的快速发展提供了坚实的支撑和保障。

当前，加快山东现代水网建设十分重要而迫切。增强抵御自然灾害综合能力、确保防洪安全迫切要求加强现代水网建设；保障和改善民生、确保供水安全迫切要求加强现代水网建设；提高农业综合生产能力、确保粮食安全迫切要求加强现代水网建设；维护和改善生态环境、保障生态安全迫切要求加强现代水网建设。

1. 现代水网建设的总体思路

1）指导思想

以邓小平理论和“三个代表”重要思想为指导，深入贯彻落实科学发展观和2011年中央和省委"一号文件"精神，切实把水利作为基础设施建设的优先领域，把农田水利作为农村基础设施建设的重点任务，把严格水资源管理作为加快转变经济发展方式的战略举措，坚持统筹治水、科学治水、依法治水，以工程建设为基础支撑，以水系连通为主要举措，以综合治理为重要手段，以多网功能融合为显著特征，以现代管理为有效保障，着力打造集防洪、供水、生态等多功能于一体的现代水网，加快推进山东水利现代化进程，为建设经济文化强省提供更加可靠的水利支撑和保障。

2）基本原则

（1）坚持民生优先；

（2）坚持统筹治水；

（3）坚持因地制宜；

（4）坚持人水和谐；

（5）坚持改革创新；

（6）坚持政府主导。

3）建设思路

坚持综合治理，建设六大水利工程，实现四位一体同步联动，统筹三大层面协调推进，打造三级水网架构布局，解决三大突出水问题。

建设六大水利工程，即着力抓好水资源调配、防洪抗旱减灾、雨洪水资源化利用、农田灌排、生态水系、水利信息化六大水利工程建设。实现四位一体同步联动，即坚持水的供、蓄、排、保功能四位一体同步联动，充分发挥水利工程综合治理效益。统筹三大层面协调推进，即统筹城乡之间、流域之间、区域之间协调推进。打造三级水网架构布局，即打造省级、区域、局域三级水网架构布局。解决三大突出水问题，即统筹解决水资源短缺、水灾害威胁和水生态退化三大水问题。

2. 水网的规划布局

按照上述思路，针对水利建设需求，当前及今后一个时期，山东现代水网要在统筹兼顾、综合治理的基础上，按照引得进、蓄得住、排得出、可调控和保生态的要求，以水库湖泊为调蓄中枢，以河道渠系为主要输水载体，沟通连接各类水利工程、各个水系，形成集防洪、供水、生态等多功能于一体的复合型水利工程体系，统筹解决水资源短缺、水灾害威胁和水生态退化三大水问题。

1）省级水网布局

以南水北调、胶东调水工程形成的“T”字形调水大动脉为基础，连通“两湖六库、七纵九横、三区一带”，形成跨流域调水大动脉、防洪调度大通道和水系生态大格局。两湖，即南四湖和东平湖；六库，即东湖、大屯、双王城、门楼、米山和棘洪滩6座水库；七纵，即沂河、沭河、梁济运河、韩庄运河、泗河、潍河、大沽河7条河流；九横，即黄河、洙赵新河、东鱼河、大汶河、徒骇河、马颊河、德惠新河、漳卫河、小清河9条河道；三区，即东部沿海区、鲁西北平原区和鲁中南山丘区；一带，即沿海防潮防海水入侵海岸防护带。

2）区域和局域水网布局

区域水网在省级水网形成的骨干框架基础上，重点解决区域内市与市之间的水系连通问题。局域水网即市县水网，为大水网的基础调配体系。其基本架构是依托省级骨干水网和区域水网，以水库为调蓄中枢，以水利工程为节点，以河道渠系为主要输配水载体，构建“库河相连、蓄排结合、丰枯相济、余缺互补”的局域水资源优化配置格局。在市级层面，重点解决县与县之间水系沟通连接问题，在市域内合理配置水资源，提升市域内水资源开发利用能力，促进水系生态环境改善。同时，在县域之间适当分滞洪水，增强市域内整体防洪能力。

3）主要建设任务

按照上述目标、思路、布局，当前及今后一个时期，山东现代水网的建设任务是：加快实施水资源调配工程、防洪抗旱减灾工程、雨洪水资源化利用工程、农田灌排工程、生态水系工程和水利信息化工程建设，全面夯实水利基础设施，统筹解决三大水问题，突出抓好以下八大重点工作。一是加快水资源配置工程建设；二是加快骨干河道综合治理和洪水利用；三是加快湖库建设；四是加快蓄滞洪区规划建设；五是加快海堤建设；六是加快灌区建设；七是加快水土保持工程建设；八是加快水利信息化建设。

二、健全水资源优化配置体系，保障经济社会可持续发展

水资源优化配置是指在一个特定流域或区域内，水资源分配过程中，充分考虑人类社会、经济、生态、环境等因素，合理利用水资源系统的时空变异特征，工程与非工程措施并举，优化水资源在地区之间、部门之间以及上下游、左右岸，经济、生态与环境等之间的分配，实现水资源的可持续利用，保证社会经济、资源、生态环境协调发展。水资源优化配置对有限的不同形式的水资源进行科学合理的分配，水资源优化配置的实质就是提高水资源的配置效率：一方面是提高水的分配效率，合理解决各部门和各行业（包括环境和生态用水）之间的竞争用水问题；另一方面则是提高水的利用效率，促使各部门或各行业内部高效用水。

（一）山东省水资源优化配置的重点

水资源优化配置包括需水管理和供水管理两方面的内容。在需水方面通过调整产业结构与调整生产力布局，积极发展高效节水产业，抑制需水增长势头，以适应较为不利的水资源条件。在供水方面则是协调各单位竞争性用水，加强管理，并通过工程措施改变水资源天然时空分布与生产力布局不相适应的被动局面。

山东省是严重资源性缺水省份，目前水资源缺口 40 亿 m^3，随着经济总量的不断增大，特别是工业化、城镇化和农业现代化进程的不断加快，对供水安全保障提出了更高要求，今后必须控制区域用水总量，在节约用水，开发利用雨洪资源、中水、淡化海水等非常规水源，提高重复利用率的同时，因水制宜，量水而行，优化配置水资源，优化经济布局，调整产业结构，转变发展方式乃至生活方式，推动经济社会真正步入科学发展轨道。

（二）山东省水资源优化配置的对策

1. 继续加强水资源配置工程建设

完善的工程体系是优化配置水资源的基础，依托现代水网，完善优化水资源战略配置格局，在保护生态的前提下，尽快建设一批骨干水源工程和河湖水系连通工程，提高水资源调控水平和供水保障能力。加

快南水北调和胶东调水骨干工程建设步伐，确保南水北调东线一期山东段输水干线建设任务 2012 年完成、2013 年如期通水，胶东调水主体工程 2011 年完成、2012 年通水到威海米山水库。同时，加快引黄济青改扩建工程规划建设，尽早启动胶东调水南线前期工作，实现长江水、黄河水与当地水的联合调度、优化配置。各地要抓住南水北调主体工程与配套工程协调推进的有利时机，加快当地区域水网规划建设，有效提升水资源配置和供水保障能力。大力推进污水处理回用，沿海地区积极开展海水淡化和综合利用，高度重视矿坑水、微咸水利用，有效缓解水资源紧缺状况。

2. 着力构建雨洪水资源化工程体系

在总量不增加的情况下，优化配置水资源，雨洪利用是一种重要的方式。改变应对洪水“以排为主、入海为安”的传统做法，统筹防灾与兴利，科学实施雨洪水资源化利用，增加水资源的有效供给。目前，山东省每年流出境外的洪水资源有 60 多亿 m^3，要通过蓄用更多的雨洪水，涵养水源，改善水循环，储备地下水资源，实现丰蓄枯用。要在保证防洪安全的前提下，加快构建科学高效的雨洪水转化利用工程体系，主要包括山丘水库、平原水库、地下水库等雨洪水调蓄工程，山地拦截、洼地滞留、湿地存蓄、池塘水窖贮存等小（微）型蓄水工程，沟渠、河道、滩地、机井等雨洪水回灌补源工程。省级重点抓好跨市、跨流域洪水资源的蓄导工程建设，特别是抓紧对沂河、沭河洪水资源化利用进行规划论证，实施沂河、沭河、泗河、汶河等雨洪水资源利用工程，加快建设一批以水库调蓄、河道拦蓄为重点的水源工程。加大城市雨洪水集蓄利用和农村坑塘整治力度，提高雨洪水资源蓄用能力，切实发挥雨洪水涵养补充水源、优化生态环境的作用。市、县要在服从全省防洪调度的前提下，重点搞好本区域内雨洪水资源利用工程规划建设。在加快实施雨洪水资源化工程的同时，要统筹运用各类非工程措施，最大限度地提高雨洪水资源的利用效率。

3. 充分发挥水价杠杆作用，合理配置水资源

要实现水资源的优化配置，就必须利用市场机制，在节水的基础上根据用水的边际效益，促进水资源从低效益的用途向高效益的用途转

移。目前,山东省水价普遍偏低,既没有体现出水资源的稀缺程度,也没能有效发挥促进节水、提高水资源利用效率的作用。要充分发挥价格杠杆调节作用,按照公平与效率兼顾的原则,定额内保公平、超定额讲效率,让节约用水者得到实际利益,让多耗水者付出经济代价。加快建立基本水价、综合水价制度,对工业和服务业超定额用水累进加收水资源费,拉开高耗水行业与其他行业的水价差距,促进用水方式转变和产业结构调整,促进各类水源综合调度、统筹配置。积极探索建立水权转让制度,培育水市场,促进水资源在产业、城乡、区域间优化配置和高效利用。

4. 实行最严格水资源管理制度,强化水资源管理

实行最严格水资源管理制度,是提高用水效率、优化配置水资源、促进水资源可持续利用、转变经济发展方式、实现科学发展的重大举措和根本保障。按照《山东省用水总量控制管理办法》要求,严格执行住水资源开发利用控制、用水效率控制、水功能区限制纳污"三条红线",充分发挥"红线"指标的硬约束作用,从制度上推动水资源优化配置。要严格用水总量控制,将水资源开发利用总量控制在下一年度可补充、可更新的范围内,通过控制用水总量促进用水方式和发展方式转变,做到以水定需、量水而行、因水制宜、科学发展。要加强用水定额和计划管理,坚决遏制用水浪费。以用水许可制度为总抓手,引导各地改善用水方式,提高用水效率,发展节水经济,建设节水型社会,优化配置水资源。

三、完善城乡供水管网,健全饮水安全体系

由于自然条件和地理位置的特殊性,山东农村普遍存在着饮用水水量少、水质差的问题,并且水质问题尤为严重。山东黄泛区为原生地质性高氟水、苦咸水、污染水分布区,分布广,深层地下水含氟、砷量严重超标;山东沿海地区海水入侵,地下水水质遭到严重破坏,水质的保证率远远低于水量的保证率。山东省仍有 2 117 万农村人口饮水安全问题亟待解决,饮水安全形势非常严峻。山东农村多数地区为经济欠发达地区,农民年均收入低,人均年收入不足 3 000 元,农户对水价格

的承受能力极低。农户对现行水价格的接受能力在 1.5 元/m^3 左右；经济条件好的农户对水价的接受度较高，经济条件差的农户对水价的接受度较低。农民非常渴望政府加大投资力度，帮助他们及早解决饮水安全问题。水是生命之源，保证饮水安全，让人民群众喝上清洁无污染的水，是建设社会主义新农村的迫切需要，是构建和谐社会的基本要求。

（一）构建饮水安全体系的思路

饮水安全包括两方面：一是供水水量有保障；二是供水水质达标。为此，2011 年中央“一号文件”指出，到 2013 年解决规划内农村饮水安全问题，“十二五”期间基本解决新增农村饮水不安全人口的饮水问题，优先解决人口较少民族、水库移民和农村学校的安全饮水。山东省提出按照“农村供水城市化、城乡供水一体化”的思路，农村饮水安全工程应进一步合理布局供水管网，坚持城乡一体、规模供水，逐步实现城乡供水同源、同网、同质，新建、扩建一批水源工程和平原水库，对单村、联村供水工程进行联网改造升级，大力发展规模化集中供水，搞好水源地保护和水质监测，保障饮水安全工程良性运行。“十二五”期间，计划全省新增雨洪水资源利用量 5 亿 m^3，年供水能力达到 300 亿 m^3，基本满足一般年份经济社会发展用水需求；农村自来水普及率达到 95%，全面解决农村饮水安全问题。

（二）完善山东省饮水安全体系的措施

山东省农村饮水安全工作首先按照“农村供水城市化、城乡供水一体化”的发展思路，加快农村饮水安全工程建设，进一步提高城镇供水保证率和农村供水普及率，到 2013 年底，将基本解决农村饮水安全问题。切实加强城乡供水水源地保护，确保供水水质安全，到 2015 年，城乡饮用水水源水质将全部达标。建立健全供水应急系统，制订防范城乡供水风险预案，建立完善应急保障机制，提高供水风险管理能力。

1. 搞好供水工程建设

加强城市供水和农村集中供水备用水源工程建设，以水库和优质地下水富集区为中心，新建扩建一批水源工程，沿黄地区重点搞好平原水库建设，山丘区重点搞好水库塘坝建设。对单村、联村供水工程进行联网改造升级，大力发展规模化集中供水，有条件的地方要逐步实现城乡供水同源、同网、同质。短时间内不能纳入规模化供水及解决饮水安全难度较大的地方，要采取建水窖、打深井等措施，逐步实现城乡供水同源、同网、同质，切实解决群众饮水安全问题。

2. 加强供水安全防护

对于地表水水源地，要建立一套科学的管理制度，采取切实可行的措施，做好水源地保护工作。对于地下水源，要统筹规划、合理开发，调控地下水水量，严格地下水资源评价，保持地下水水质的良好状态，以防地下水水源枯竭、地面沉降和地下水污染等。要采取一系列措施切实保护和管理好供水系统，防止水污染。要从根本上保障饮水安全，有效地避免缺水和水质污染，还需要从经济、法律和技术管理手段来保护水源地、控制污染源和保障供水量，逐步建立保护水资源、改善水质的经济补偿机制，同时依靠水法律法规规范水事行为，严格取水许可，杜绝乱采滥用水资源。

3. 建立多元化投入机制

农村饮水安全工程建设资金仅靠中央的补助是不够的，要建立各级地方财政补助、吸引社会资金、引导农民投入的多元化投入机制。加强农村公共供水管理，健全供水服务体系，落实管护主体和维修资金，确保工程长期发挥效益。制定支持农村饮水安全工程建设的用地政策，确保土地供应，对建设、运行给予税收优惠，供水用电执行居民生活或农业排灌用电价格。

4. 建立工程质量保障机制

工程建设质量是效益的生命线，在工程建设中，必须采取质量保障措施，在确保工程建设质量上狠下工夫。一是严把材料设备关，实行“公开招标，集中采购”，选择有信誉的单位集中供货；二是严把施工队伍关，对规模较大的集中式供水工程，选择有资质的专业队伍施工；三是严把质量监督关，由水利专业监理和受益农户跟班监督；四是严把竣工验收关，确保工程建设质量。

5. 建立工程长效运行管理机制

为保证工程长期发挥效益，所有工程都必须明确工程管理主体，落实管理责任。对集中式供水工程,实行专业化管理和用水户参与相结合的方式,制定饮水工程管理办法和规章制度,从工程的管理、水费价格制定、水费征收、资金使用、水源地保护等方面制定具体的管理办法和措施,确保工程能够良性运行,让农民长期喝上放心水。

第四节　安全可靠的防洪减灾体系

随着人口的增加,社会经济各方面事业的迅速发展,社会财富的日益增多,在防洪工程取得巨大效益的同时,洪水灾害的经济损失不断增加,对社会环境的影响越来越深远。建立安全可靠的防洪减灾体系,进一步提高防洪能力,减少洪灾损失,遏制洪水灾害对社会环境的影响已是当代社会的一个重大任务,建立一个具有中国特色、科学的防洪减灾体系是一个值得深入研究的问题。

一、新时期防洪减灾体系建设的指导思想

山东省的防洪减灾体系建设已经取得了很大成就。自然条件决定了山东省的防洪体系建设是一项长期而又艰巨的任务,在山东省经济社会发展的进程中,将会面临一系列新的问题。人多地少是山东省的基本省情之一,在防洪减灾体系建设中对这一基本省情要有充分的认识。由控制洪水向管理洪水转变是防洪工作的必由之路;对洪水实施有效的管理,科学合理地调控洪水,坚持"给洪水以出路"的原则是防洪的基本策略。加快防洪体系的建设,全面提高抵御洪涝灾害的能力,唯此才能保障广大人民群众的生命财产安全和经济社会的可持续发展。

山东各地的自然地理、水文气象、立地条件、经济布局等各不相同,所面临的洪水风险及防洪工程体系也有较大差别。防洪减灾体系建设应针对各流域特点,不断探索和实践以人为本、人水和谐的防洪减灾新理念。坚持以人为本,把保障人民的生命财产安全放在首位。要加强防洪建设与管理,提高抗御洪水灾害的能力,为经济社会全面、协调、可持续发展提供防洪安全保障。尊重自然规律和社会经济规律,要正确

处理改造自然与适应自然的关系，有效调控洪水，合理利用水土资源，妥善协调防洪与避洪的关系。不断完善防洪规划，规范人类活动、行为，避免人为加大洪水风险。

为保障经济社会可持续发展，需要以洪水风险管理与人水和谐理念为指导，以防洪减灾、水资源综合利用、生态环境保护综合协调为目标，适时改变与调整防洪工程体系规划思路，进一步完善各流域防洪工程体系布局，以适应社会发展新阶段提出的更高要求。

二、建立现代防洪减灾体系

对于防止洪水灾害，采用单一工程或单一措施是很难奏效的，必须形成体系。防洪工程措施、非工程措施、生态环境措施、社会保障措施相协调的防洪体系即现代防洪减灾体系，具有明显的综合效果。因此，需要建立现代防洪减灾体系，来达到减少洪灾损失，降低洪水风险的目的。具体地说，必须做好以下几方面的工作：

(1)做好流域的防洪规划，加强防洪工程建设。流域的防洪应从整体出发，做好流域的防洪规划，正确处理流域干支流、上下游、中心城市以及防洪的局部利益与整体利益的关系，正确处理需要与可能、近期与远景、防洪与兴利等各方面的关系。在整体规划的基础上，加强防洪工程建设，根据实际情况分期实施，逐步提高防洪标准。

(2)做好防洪预报调度，应用现代信息技术，加强全省和各级防洪调度指挥系统的建设。

(3)重视洪涝灾害治理的水土保持等生态措施，加强生态环境治理。随着社会经济的发展，世界各国在防洪方略上已有了很大进步，都在试图通过调整人类和自然的关系，以控制洪水造成的灾害。

(4)重视洪灾保险及社会保障体系的建设。

(5)加强防洪法规建设。

(6)加强宣传教育，提高全民的环境意识及防洪减灾意识。

三、建立科学合理的水情、工情、灾情评价体系

山东省人多地少，人水争地矛盾突出且将长期存在，随着经济社会

的快速发展及近年全球气候变化的影响，防洪形势面临一些新的变化。

以水情为例，近年全球气候变化异常导致了山东省水文极端事件增多，同时受人类活动影响，流域下垫面变化剧烈，改变了流域产汇流条件，小洪水、大流量、高水位的情况时有发生，且有增多的趋势。从灾情看，随着山东省经济社会的快速发展以及城市化进程的不断加快，人口与财富向洪水高风险地区大量聚集，单位面积财富迅速增加，相同量级洪水淹没条件下，洪灾损失明显增加；人多地少使得侵占河道及湖泊洼地等现象严重，滞蓄洪水的空间减小，河道行洪能力降低，高水位行洪历时延长，新时期呈现出“小水大灾”的新特点。山东省位于黄河下游地区，是受洪涝灾害威胁最严重的地区。一旦遭遇大水，将对全省经济社会发展造成很大影响。

针对复杂多变的防洪形势，建立科学合理的水情、工情、灾情评价体系是保证防洪减灾顺利进行的重要基础。

四、建立完备的防洪工程和非工程体系

防洪工程是事关人民群众生命财产安全、国家经济社会发展大局的重要保障性建成设施。山东省防洪工程体系大体上由拦、排、泄、蓄、分等工程措施组成。一般是在上游兴建控制性水库，拦蓄洪水，削减洪峰；在中下游平原进行河道整治，加固堤防，开辟蓄滞洪区和分洪道，使其形成一个较完整的防洪工程体系。

坚持工程措施与非工程措施并重。要坚持建设与管理、防洪与减灾相统一。在搞好防洪工程建设的同时，加强洪水预警预报，规范防洪区社会管理，给洪水以出路，制定洪水风险图，逐步实现由控制洪水向洪水管理的转变。

坚持全面统筹规划，科学合理地进行社会经济布局。防洪减灾工作要为经济建设和社会发展提供安全保障，同时经济社会发展布局与建设也要符合防洪的总体要求。统筹协调处理上下游、左右岸、干支流、城乡间等各种关系，以全局综合利益最大、整体风险和损失最小为原则，妥善合理地安排流域和区域洪涝水的出路，最大程度地降低洪涝灾害损失。

五、建立配套的防洪组织及法律法规体系

防洪组织体系是落实防洪规划、实施防洪工程建设、科学进行洪水管理的保障。按照新时期防洪减灾的需要,建立高效的省级层面、流域层面和地方层面的防汛组织指挥体系,是十分必要的。成立省防汛抗旱总指挥部,由省政府以及相关厅局组成,负责领导、组织全省的防汛抗旱工作。省水利厅、各流域管理机构在所管辖的范围内负责防洪的组织、协调、监督、指导等日常工作。同时,地方有关部门在同级人民政府的领导下,各尽其责,负责有关的防洪工作。落实防汛工作责任制,防汛抗洪工作实行了各级行政首长负责制,并逐步形成了以行政首长防汛责任制为核心,包括部门负责制、岗位责任制、技术负责制、工程建设和管理责任制等的责任制体系。健全的组织体系,是推动山东省防洪体系发展和完善的组织保证。

我国的防洪法律法规建设经历了从无到有、逐步完善的发展过程。1998 年 1 月 1 日起施行的《防洪法》是我国防洪工作的基本法律依据,其为依法防洪和规范人们的水事行为奠定了基础。《防洪法》明确了防洪工作实行全面规划、统筹兼顾、预防为主、综合治理、局部利益服从全局利益的原则。《防洪法》的颁布施行,标志着我国防洪事业进入了依法防洪的新阶段。各级地方人民政府应根据国家有关防洪的法规条例,制定本地区的实施细则及有关配套法规,形成国家和地方的防洪法制体系,使防洪管理达到规范化、制度化和法制化。

第五节　完善的水系生态系统

全面加快水利基础设施建设,建立健康的水生态体系、健全的水污染防治体系和完善的水土流失防治体系至关重要,直接关系到山东省能否又好又快地实现水利改革和发展。

一、健康的水生态体系

健康的水(域)生态体系包括陆地上的地表水域生态体系和海洋

水域生态体系。地表水域生态体系主要包括河流和湖泊两种水体,还有冰川及沼泽湿地。下面重点介绍健康的地表水域生态体系的建立。

(一)湖泊生态体系

按湖水矿化度可将湖泊分为三类:淡水湖(矿化度≤1 g/L)、咸水湖(矿化度为1~35 g/L)、盐湖(矿化度≥35 g/L)。湖泊水体污染和富营养化是山东省湖泊水环境面临的主要问题,由此导致湖泊生态体系结构和功能的严重退化。因此,建立健康的湖泊生态体系十分重要。

湖泊生态体系健康的理论基础有两个:生态体系健康和湖泊生态体系的物质循环。生态体系健康的内涵是指系统的自我平衡、没有病征、多样性、有恢复力、有活力和能够保持系统组分间的平衡。湖泊生态体系物质循环是湖泊生态体系中不同营养级的生物及其与外界环境之间物质交换的总称。不同湖泊中的物流不同,由此造成湖泊生态体系的功能和结构各异。水体污染和富营养化是湖泊生态体系不健康的主要根源。关于如何建立水污染防治体系将在下文叙述,这里重点介绍具有湖泊富营养化问题时健康生态体系的建立。

湖泊生态体系是一个涵盖内、外因素的综合体。外部因素主要是系统外的物质和能量输入,湖泊生态体系发生变化,也主要是在外部环境变化的情况下,内部的生态体系结构和功能发生变化的过程。内部因素主要是生态体系组成成分之间的影响和水体中的营养盐浓度以及pH值、溶解氧(DO)、水动力学条件等。因此,要建立健康的湖泊生态体系应该从3个方面进行考虑:外部指标,考虑外部物质的输入和输出及其影响;湖泊内的环境要素状态;生态指标,即湖泊生态系统的结构、功能以及整体系统的特性。

在外部指标的控制中,主要是减少和控制湖水年净污染物的输入量,设法增加年入湖水量,减少和控制单位湖泊容积人口及工农业产值负荷,增加湖滨带平均宽度。湖泊内的环境要素状态制约着湖泊内浮游植物、浮游动物、鱼类、底栖动物的生长和繁衍。在不同的湖泊条件下,湖泊内的环境要素状态各异,对已处于富营养化状态或有这种趋势的湖泊而言,控制总氮(TN)、总磷(TP)及氨氮浓度、溶解氧(DO)、化学需氧量(COD)、生化耗氧量(BOD)、换水周期、水动力学条件、沉积物的形态和稀释速率等是关键因素。生态指标用来衡量湖泊生态体系自身的状态,包含生物群落特征、群落结构、生态位和生命周期、营养物质循环以及综合状态。实践中要找到能够反映或表征生态指标的因素并加以控制。

(二)河流生态体系

河流对人类的发展非常重要,不仅可提供食物、工农业及生活用水,还具有商业、交通、休闲娱乐等诸多服务功能。作为重要的生态系统类型,河流生态系统还是生物圈物质循环的主要通道之一,很多营养盐及污染物在河流中得以迁移和降解。但随着工业文明的迅猛发展,人类对水资源的需求量大增,很多河流因用水过度而面临断流或枯竭;此外,大量污染物的排入和森林及河岸植被带的乱砍滥伐严重影响了河流的水质状况,其结构受到极大破坏,诸多服务功能也因人类活动的干扰而逐渐丧失。由此可见,作为可持续发展概念的一个重要目标,如何维持现有河流生态体系的服务功能,建立健康的河流生态体系是促进河流及其流域的经济、社会和环境可持续发展的重要的水利基础性工作。

1. 从水资源可持续利用出发建立健康的河流

在可持续利用的健康河流理论框架下,统筹合理开发利用水资源与河流生态保护两者之间的利益,河流要为供水、灌溉、发电、航运、旅游等目标服务。因此,河流健康标准既要考虑为社会兴利的标准,也要考虑包括河势稳定、泥沙的总体冲淤平衡等要求,使水资源的开发利用与生态保护保持相对平衡。

2. 协调生境因子与生物因子之间的关系,维护河流的持续健康

生态体系是由生物和生境两大部分有机组成的,生物部分是生态体系的主体,生境是生命支持系统。河流是水域生物生命的载体,又是水域生态体系物质流与能量流传输的介质。因此,维护河流的健康持续就要重视河流生物群落的历史、生存和演变过程,重视水域生物群落与河流生境之间的耦合关系,随时监测由于人类活动和自然力的作用引起的河流的流量、水质、流速、水温、水深和水文周期的种种变化;弄清水利水电工程建设、土地利用以及城市化引起的河流地貌学特征的

变化;确定生境因子与生物因子之间的定性或定量关系,以维护河流的持续健康。

3. 因地制宜

山东各流域的自然条件千差万别,经济社会发展水平各异,所以建立健康的河流生态体系应因地制宜,重点是弄清影响各条河流健康的主要胁迫因子。在人为干扰方面,需要弄清诸如水体污染、过度取水、土地利用和城市化、水流的人工控制、河道的人工改造等因素影响强度,发现对生态体系的胁迫因子。在自然条件方面,要综合气象、水文、生物群落、植被、景观、土地等多种因素,制定健康河流的标准,从而找出建立健康河流的方法、措施。

4. 建立完整的生物监测系统,进行长期监测和评估

全省水利系统已经形成了较为完善的水文监测体系,需要建立的是生物监测系统和网络。因为河流生态体系演替是一个长期的过程,只有得到生物监测资料的长系列,才能进行长期的河流健康评估,从而制定相应的规划和措施。

二、科学的水污染防治体系

(一)建立科学的水污染防治体系的总体要求

建立科学的水污染防治体系,以人为本的水污染防治理念必须得到全面贯彻。一方面,明确水环境保护对区域内经济可持续发展目标的实现所具有的决定意义,将突发性水污染事故防治放在优先位置予以考虑;另一方面,不能将经济发展压力通过"绿色门槛"的降低来排解,以环境成本换取发展空间,进而转嫁给社会个体。应该认识到经济危机虽然来势凶猛,但并非只有通过高污染行业的低水平重复建设才能回避矛盾,饮鸩止渴的发展模式牺牲的将是山东省国民经济可持续发展的美好未来;经济发展的压力固然前所未有,但这更是发现薄弱环节、扩容提质、调整增长方式的难得机遇。

(二)体系化的水污染防治运行模式应予确立

按照水污染事故的发生发展过程,应对机制可以划分为几个阶段——事前监测预防、事中处置和事后善后处理。事中处置是这一过

程的核心,而预防和善后所涉及的配套机制则是消除社会危害性、缓和危机状态和弥合深层次矛盾的关键。借助十几年持续的财政投入和环境监测技术的不断进步,山东省已经初步建立起比较完善的流域污染监测体系;而事故问责、损害补偿等善后处理机制则明显落后于时代发展,成为山东省水污染处理机制中的"短板",国外普遍推行的环境税制、环境污染责任险、环境污染基金等社会化救济制度为山东省突发性水污染事故应急处理机制的完善提供了范本。

(三)建立水污染防治技术体系

这包括应急决策技术、水污染预警技术和水质监测、水质标准、水质评价和水污染处理技术。其中应急决策能力的滞后是山东省在突发性水污染防治技术领域的突出问题。应急预案在决策环节中为决策者解决了应急处置具体实施程序、应急状态下的机构职能划分等关键问题。然而突发性水污染事故的复杂性决定了这类事故发生发展趋势具有不确定性特点,预案之外的情况随时都有可能出现,仅凭领导个人知识、经验等自身素质来作决定的情况在这种情况下很容易造成决策失误,这就对政府的决策能力提出了较高的要求。国外比较流行的决策支持系统(DSS)正是在这种背景下诞生的,它是在管理信息系统和管理科学、运筹学的基础上发展起来的,最早由美国学者莫顿(Scott Mortton)在其1971年发表的《管理与决策系统》一文中提出,其特点在于应用计算机技术将大量的数据和多个应急处理模型结合,通过人机互动实现对危机问题的识别、分析,从而提高决策的科学性。近年来,我国已经建立一些事故应急管理系统,如中国环境监测总站突发性污染事故应急监测响应系统。

水质监测、水质标准、水质评价和水污染处理技术是水污染防治技术体系的重要组成部分,水质检测站网的布设是在水网监测站网规划的基础上进行的,一般多采用划区设站法。各类型区设站的具体数目要充分考虑区域的特殊性、重要性、地区大小、污染特征、污染影响等因素。

水质分析评价的目的是准确地反映水质污染状况,找出主要污染物的影响,为水资源保护、水污染防治和水质管理提供依据。要确定合理的水质标准，准确收集资料数据，确定评价要素；选择科学的评价方法，计算分析，得出准确的评价结论。

山东省迫切需要经济、高效、节能、技术先进而可靠的水污染治理工艺和技术。虽然山东省的污水处理工艺研究已取得了长足进步，但对一些工艺的净水机理、反应动力学原理了解还不够深入，新技术、新工艺的创新水平不够理想，这些不足需要在以后的研究工作中加以完善。SBR（序列间歇式活性污泥法）工艺和氧化沟工艺通过在我国多年的研究与应用，被证明是行之有效的水污染控制技术，山东省应推广使用。今后，应大力推广运用各种生态工程技术治理污染水体，如人工湿地与生态滤池等。展望未来，环境友好型和可持续发展型的污水处理工艺将是今后国内外研究发展的重点。其中，人工湿地生态系统和生物浮岛等技术正是在这一理念下发展起来的绿色、环保污水处理工艺的典范，可以预见，人工湿地、生态滤池等新兴技术与其他工艺相结合，形成优势互补的综合污水处理系统是今后的发展方向。

三、完善的水土流失防治体系

水土保持已成为生态建设和社会主义新农村建设的重要任务。党的十七大报告和 2011 年的中央“一号文件”，都明确提出了水土保持是改善农业生产条件的基础性工作，是建设社会主义新农村和建设生态文明的重要内容。水土保持已成为全社会关注的重点工作之一。目前，水土保持这个十分专业的名词也走向了社会，这项事业受到了各级党政领导的高度重视和全社会的关注。

水土保持工作的总体要求是：按照科学发展观理念，以水土资源可持续利用和生态环境有效保护为目标，以保障和改善民生为着力点，以体制机制和法制建设为保障，以科技创新和科技进步为支撑，全面规划、统筹兼顾，预防为主、保护优先，因地制宜、分区防治，全面做好预防监督、综合治理、生态修复、监测评价、保护水源和改善环境等重点任务，把中国特色水土保持生态建设推向一个新的发展水平，促进经济社会的可持续发展。

水土保持工作的主要目标是：力争用 15 ~ 20 年的时间，使全国水土流失区得到初步治理或修复,大多数地区生态环境趋向良性发展;现有坡耕地全部采取坡改梯、陡坡退耕、等高耕作、保土种植等水土保持措施;严重流失区水土流失强度大幅度下降,中度以上侵蚀面积减少50%;70%以上的侵蚀沟道得到控制,下泄泥沙明显减少;全民水土保持生态意识和法制意识显著增强,人为水土流失得到根本控制,生产建设项目水土保持"三同时"制度落实率达到100%,水土流失重点预防保护区实施有效保护。在这些方面,山东省应率先走在前面。

在防治理念上,坚持人与自然和谐相处,更加注重遵循自然规律和发挥自然修复能力;在指导思想上,坚持以人为本、注重生态建设与经济发展有机结合,实现生态建设与经济发展"双赢";在防治方针上,坚持保护优先、防治结合,注重事前预防保护,做到预防保护与综合治理"两手抓、两手硬";在投入机制上,坚持改革创新和多元化投入,注重依靠政策调动各方面的积极性,形成全社会办水保的局面;在组织领导上,坚持统筹协调,注重发挥政府主导和部门协作的重要作用,构建符合山东省省情的水土保持管理体制。

水土保持生态建设,是一项十分复杂的系统工程,主要取决于以下六个方面的工作:

第一,做好预防监督工作,控制人为水土流失。综合运用行政、法律、科技和经济手段,加强对现有植被和治理成果的保护,抓好生产建设项目水土保持"三同时"制度的落实。做好重要区域的预防保护工作,加强对国家重点建设项目、省级重大项目的监督管理。结合当地实际情况,对重点预防保护区、重点监督管理区及确定的重点监督工程,实施有效的监督。在滑坡、泥石流等地质灾害高发、易发区和其他生态极度脆弱区、生态敏感区,严格控制开发建设活动;特殊情况必须建设的,要深入研究工程建设对生态环境的影响,慎重对待,切实为国家把好生态保护关。加强城镇化过程中的水土保持工作,搞好城镇周边和开发区的水土流失防治。以监督执法为切入点,加大对农村"四荒"资源治理开发的监督管理,避免造成生态破坏和水土流失。对集中连片、动土量大的治理开发项目,严格执行生产建设项目"三同时"制度。

第二，做好综合治理工作，改善群众生产生活条件。按照"突出重点、逐步推进、分步实施"的原则，加大水土流失重点治理投入，优先对水土流失严重、人口密集、对群众生产生活和经济社会发展影响较大的区域进行综合整治。把大江大河上中游地区和社会高度关注的水土流失地区作为重点，实施坡耕地水土流失综合整治专项工程，以坡改梯，建设高标准基本农田。

第三，做好生态修复工作，加快水土流失防治步伐。以人与自然和谐作为水土保持工作的核心理念，把生态修复摆在水土保持工作的重要位置，加强生态脆弱地区和生态敏感地区的生态修复工作。出台封山禁牧政策，完善水土保持生态修复相关政策措施，形成生态修复良性发展的长效机制。搞好基本农田、水源、饲草料基地建设和小水电代燃料生态保护工程建设，推广沼气、节柴灶，推行舍饲养畜和轮封轮牧，控制载畜量，实施生态移民，创造生态修复的良好条件。加强生态修复基础理论和应用技术研究，为生态修复技术奠定理论基础。

第四，做好监测评价工作，为生态建设提供科学支撑。加快山东省水土保持监测网络与管理信息系统工程建设，合理布设监测站点，健全全省水土保持监测体系，定期向社会公告重点区域、重点项目的监测结果，建成国家级水土保持重点监测数据库。加强同国土资源、农业、林业、环保等部门的协作，建立数据共享机制，扩大监测成果的运用范围，更好地满足国家生态建设的需要。

第五，做好水源保护工作，维护饮水安全。根据我国重点饮用水水源地安全保障规划，做好全省水源地水土流失和面源污染防治工作。开展重要水源区水土保持工作，通过建设生态清洁型小流域，保护水源，净化水质，改善生态，保障饮水安全。治山、治水、治污相结合，多措并举，控制面源污染，净化水质，维系河道及湖库周边生态系统。加强水土保持面源污染防治政策研究，完善相关法律法规，做好水土流失面源污染防治基础工作。

第六，做好人居环境改善工作，提高人民生活质量。以提高城乡人民生活质量，更好地满足广大群众对生态环境的需求为出发点，做好水土保持工作，改善人居环境。在农村水土流失区，因地制宜开展水土保持工作,统筹考虑水资源保护、面源污染防治、人居环境改善,对水系、道路、农田、村庄绿化美化一并进行规划和整治。在城镇、各类开发区和居民比较集中的区域,在对水系和生活区周边综合整治的基础上,提高绿化指数和雨洪调蓄能力,恢复和提高城市生态系统功能。

第六节　科学的水利信息化体系

水利信息化是水利现代化的基本标志和重要内容,是国家信息化建设的重要部分,也是水利事业自身发展的迫切需要。近年来,随着水利事业的蓬勃发展,信息技术的作用越来越突出,应用需求越来越迫切,以"金水工程"命名的水利信息化建设步伐不断加快,水利信息化基础设施建设稳步推进,水利业务应用系统开发取得实效,水利信息化保障环境明显改善,行业管理工作得到加强。

一、以水利信息化带动水利现代化

《全国水利信息化发展"十二五"规划》对水利信息化发展的指导思想、基本原则、发展目标、主要任务与项目,提出了更高的要求。坚持以邓小平理论和"三个代表"重要思想为指导,深入贯彻落实科学发展观,全面贯彻国家信息化发展战略部署,紧紧围绕大力发展民生水利,促进传统水利向现代水利、可持续发展水利转变的目标,以需求为导向,以创新为动力,以应用促发展,坚持统筹规划、协调有序推进,搞好顶层设计、统一技术架构,强化资源整合、促进信息共享,完善体制机制、保障良性运行,全面提升水利信息化水平,以水利信息化带动水利现代化。

电子信息化是现代科技发展的重要标志,要以水利信息化建设为核心和重点,加强电子政务建设,推进水利现代化进程。要继续建设和完善全国水文水资源信息监测网络、国家防汛抗旱指挥系统、全国水资源调度系统、全国水土保持监测与管理信息网络,加强流域、区域、城市、骨干水利枢纽、调水工程、大型灌区等水利自动化调度系统建设,开发流域空间地理信息系统。通过采用信息化管理技术和手段,提高对水资源的调控能力、水工程的自动化水平和水管理的信息化水平,从根本上摆脱水利行业设施老化、技术落后、管理薄弱的状况,推进水利管理方式的转变,不断提高水利行业现代化管理能力和水平。

二、建成完善的水利信息化基础设施

历经15年、投资8亿多元的国家防汛抗旱指挥系统一期工程顺利通过竣工验收,二期工程可研报告通过评估,初步设计工作已经启动,应加快实施;水利电子政务综合应用平台项目通过竣工验收;全国水土保持监测网络与信息系统二期工程建设取得积极成果;国家水资源管理、中国农村水利、水利建设与水库移民等重要信息系统建设顺利推进;黄河关键河段防凌远程视频监视系统建成并投入运行。山东省应以以上设施为基础,加快建设省、市、县全覆盖的三级防汛抗旱信息系统。通过信息化建设,加强山东省防汛抗旱、水资源管理、水土保持、农村水利、水库移民管理等工作,提高水行政管理能力,提升水利信息化总体水平,支撑水利事业又好又快发展。

应加快建设布局合理、功能齐全、高度共享的水利信息综合采集体系,基本满足水利业务应用需要;扩展全省水利信息网和视频会议系统覆盖范围,实现县级以上水利部门的互联互通;基本建成省级水利数据中心,实现水利重要信息资源的共享;加快水利卫星通信网建设,增强水利应急通信保障能力。

三、形成完善的水利信息化业务应用体系

山东省应结合信息化"十二五"规划工作,做好水网工程管理系统建设,不断健全山东省水利工程数据库,完善各流域大中型水库、主要蓄滞洪区、主要河道控制站、骨干河道拦河闸坝和市际边界大中型闸坝等重要工程枢纽的可视监控调度系统;形成全省水利基础信息平台,全面部署由国务院水利部统一开发的数据处理软件系统,以满足河湖基本情况普查、水利工程基本情况普查、经济社会用水情况调查、河湖开发治理保护情况普查、水土保持情况普查、水利行业能力建设情况普查以及灌区专项普查、地下水取水井专项普查数据采集、处理、集成和上

报的需要，建立起基层登记台账管理系统、普查数据处理上报系统、普查数据管理系统、空间数据采集处理系统四大系统。

全面完成水利信息化重点工程建设并发挥效益，逐步实现跨业务系统的协同应用，完成所有地市级以上水利部门的门户网站建设，水利系统电子政务应用和服务体系日臻完善，社会管理与公共服务的信息化水平显著增强。

四、建立完善的水利信息化保障环境

建立科学系统的信息技术标准体系，完成全省重要水利信息系统安全等级保护工作，建立可靠的信息安全保障体系、高效的系统运行维护体系和专业人才队伍，提高信息安全保障能力。

为有效整合水利信息资源，克服重建轻管、资源浪费、低水平重复建设与开发等不合理现象，推进水利信息化建设有序发展，应及时制定水利信息化建设管理办法，确保水利信息网运行管理工作走上规范化、制度化轨道。这对于加强水利信息网的运行管理，保障水利信息网正常、高效、安全运行，促进水利信息网健康发展，推动水利信息化工作，具有重要意义。

第七节　节水型社会

节水型社会的本质特征是建立以水权、水市场理论为基础的水资源管理体制，形成以经济手段为主的节水机制，建立起自律式发展的节水模式，不断提高水资源的利用效率和效益，促进经济、资源、环境协调发展。

一、节水型社会建设的意义

节水型社会建设对建立以水权管理为核心的水资源管理制度体系、与水资源承载能力相协调的经济结构体系、与水资源优化配置相适应的水利工程体系，形成政府调控、市场引导、公众参与的节水型社会管理体系，形成以经济手段为主的节水机制，树立自觉节水的意

识及行为风尚，切实转变全社会对水资源的粗放利用方式，促进人与水和谐相处，改善生态环境，实现水资源可持续利用，保障国民经济和社会的可持续发展等各方面都具有重要的现实意义和深远的历史意义。

建设节水型社会，不仅可缓解用水短缺的突出矛盾，而且有利于水资源的可持续利用；可以减少水费开支，降低生产成本，扩大生产能力，提高生产单位的经济效益，促进国民经济的总体发展；可减少污水排放，减少水体的污染，对维护河流生态平衡、避免地下水过量开采产生的环境问题以及野生生物、湿地和环境美化等方面都具有很好的环境效益；可增强预防干旱的能力，短期节水措施可收到立竿见影的效果，长期节水因大大降低了水资源的消耗量，从而提高了正常年份的干旱防备能力。通过加大用水管理力度及采取其他措施，可调整用水差异，避免用水不平衡及其他与用水相关的社会问题发生，维持社会稳步持续发展。

二、节水型社会基本特征及实现途径

（一）节水型社会基本特征

（1）节水型社会指人们在生活和生产过程中，水资源的节约和保护意识得到了极大增强，并贯穿于水资源开发利用的各个环节，在政府、用水单位和公众的参与下，以完备的管理体制、运行机制和法律体系为保障，通过法律、行政、经济、技术和工程等措施，结合社会经济结构的调整，实现全社会的合理用水和高效益用水。

（2）节水型社会是水资源集约高效利用、经济社会快速发展、人与自然和谐相处的社会，包含三重相互联系的特征：微观上资源利用的高效率，中观上资源配置的高效益，宏观上资源利用的可持续。节水型社会体现了人类发展的现代理念，代表着高度的社会文明，也是现代化的重要标志。

（3）节水型社会建设是一场深刻的社会变革，需要进行体制改革和机制创新，进行制度建设。建设节水型社会是对生产关系的变革，是制度建设，是一场革命。

(4)节水型社会和通常讲的节水,既互相联系又有很大区别。无论是传统的节水,还是节水型社会建设,都是为了提高水资源的利用效率和效益,这是它们的共同点。但要看到,传统的节水,更偏重于节水的工程、设施、器具和技术等措施,偏重于发展节水生产力,主要通过行政手段来推动。而节水型社会的节水,主要通过制度建设,注重对生产关系的变革,形成以经济手段为主的节水机制。

(5)节水型社会的制度建设要解决的是全社会的节水动力和节水机制问题。搞节水型社会建设，根本在于要建立一整套制度，建立一种体制、机制，使得各行各业、社会成员受到普遍的约束，需要去节水；通过制度创新，使得全社会能够获得制度的收益，愿意去节水，使节水成为用水户自觉、自发的长效行为,而不是仅靠行政推动的权宜之计。

(二)节水型社会的实现途径

节水型社会的建设,主要通过以下途径:

(1)确定水资源宏观总量与微观定额两套指标体系。水资源的宏观总量指标体系用来明确各地区、各行业乃至各单位、各企业、各灌区的水资源使用权指标,实现宏观上区域发展与水资源承载能力相适应;水资源的微观定额指标用来规定单位产品或服务的用水量指标,通过控制用水定额的方式,来提高水的利用效率,实现节水目标。

(2)综合采用法律措施、工程措施、经济措施、行政措施、科技措施,保证用水控制指标的实现。特别要注重经济手段的运用,最重要的是制定科学合理的水价政策,“超用加价,节约有奖,转让有偿”,充分发挥价格对促进节水的杠杆作用。

(3)制定用水权交易市场规则,建立用水权交易市场,实行用水权有偿转让,实现水资源的高效配置。水权可以有偿转让:占用了他人的水权,需要付费;反之,出让水权,可以收益。通过水权交易市场进行用水权的有偿转让,买卖双方都会考虑节水,社会节水的积极性被调动,水资源的使用更趋合理、可持续。

(4)用水户参与管理。建设节水型社会要鼓励社会公众以各种方式广泛参与,使得相关利益者能够充分参与政策的制定和实施过程。

三、节水型社会建设思路

(一)建设节水型社会的基本原则

“十一五”期间,山东省认真贯彻落实中共中央、国务院关于坚持科学发展观,建设资源节约型、环境友好型社会和省委、省政府提出的建设节水型社会的总体要求,全面采取法规、行政、经济、工程、技术、舆论宣传等综合措施,不断夯实节水型社会建设管理基础,进一步提高全省水资源利用效率和效益。

1. 坚持以人为本

在节水型社会建设工作中,必须把改善民生放在首位,切实保障人民群众在水资源开发利用、城乡供水保障、用水结构调整等方面的合法权益;在水权改革、水价改革中切实保障群众的切身利益。不能因为要节水,而降低人民群众的生活水平,限制人民群众的合理需求。

2. 坚持不断提高水资源利用效率

水资源高效利用不仅可减少水资源的无效消耗量,提高水的生产效率,还可以减少废污水的排放量,减少治污的投入,降低水利用成本,提高水资源的产出效率。节约用水不仅是根据山东省水资源紧缺情况采取的基本政策,也是集约型内涵式发展模式的需要,是降低供水投资、减少污水排放、提高水资源利用效率的最合理选择。

3. 坚持管理制度改革与节水机制创新相结合

应坚持管理体制改革和节水机制创新,完善水资源管理体制,建立政府调控、市场引导、公众参与的自律节水新机制,促进水资源的高效利用和优化配置。

4. 坚持全社会参与

水资源利用涉及国民经济各部门,用水部门包括生产用水、生活用水和生态用水,需要全社会的参与,人人了解节水、人人自觉节水,养成科学用水、节约用水的好习惯。只有这样,才能真正建成节水型社会。

5. 坚持统筹安排、协调发展

水资源管理是一个系统工程,牵扯到各个用水部门。搞好节水不仅仅是一个技术问题,也是一个管理问题,更是一个组织协调问题。因此,应对用水进行统筹安排,保证用水部门协调发展。

6. 坚持工程措施与非工程措施并重

工程措施是节水的基础,非工程措施是节水的保障,两者是节水的两个方面。因此,要搞好节水工作,必须工程措施与非工程措施并重,不能厚此薄彼。

7. 坚持因地制宜、突出重点

根据山东省各地水资源条件、水资源利用状况、供需平衡态势和经济社会发展水平等综合因素,按照因地制宜、突出重点、注重实效的原则,综合考虑需要与可能、投入与效果等诸多方面,合理确定节水工作的重点、需采取的主要措施及优先次序,制订不同时期的节水方案。

8. 必须与转方式、调结构紧密结合

必须实行最严格水资源管理制度,强化需水管理,走内涵式发展道路,严格实施用水总量控制,遏制不合理用水需求;大力发展节水经济,提高用水效率;严格水功能区的监督管理,控制入河、湖排污总量;遏制地下水超采趋势,促进地下水采补平衡。以水资源管理方式的转变引导和推动经济结构的调整、发展方式的转变和经济社会发展布局的优化。

9. 必须统筹考虑社会各方面的发展需求

节水工作是一项系统工程,涉及面广,影响因素多,必须着眼于全省经济社会发展大局,统筹规划、协调发展,做到开源与节流并重。节水工作要统筹水资源与经济社会发展,协调好生活、生产和生态用水;统筹城乡节水同步进行,促进城市与农村协调发展;统筹用水方式、用水效率和用水安全。

10. 坚持改革创新

切实加强节水科技支撑,加大对节水技术、节水产品、节水标准的研发,加大资金和人员的投入。进一步加快建立最严格水资源管理制度,完善水资源论证制度、取水许可制度、用水定额管理制度、水功能区管理制度以及水资源有偿使用制度等,通过实行最严格水资源管理制度,实现水资源的可持续利用,支撑和保障经济社会的可持续发展。

节水型社会建设是一个平台,通过这个平台来探索和实现新时期水利工作从工程水利向资源水利的根本性转变，探索和实现新时期治水思路和治水理念的大跨越，探索和实现从传统粗放型用水向提高用水效益和效率转变，探索和实践人水和谐、人与自然和谐的新方法。

（二）节水型社会建设内涵

节水型社会建设的内涵包括以下相互联系的四个方面：

（1）从水资源的开发利用方式上看，节水型社会是把水资源的粗放式开发利用转变为集约型、效益型开发利用的社会，是一种资源消耗低、利用效率高的社会运行状态。

（2）在管理体制和运行机制上，涵盖明晰水权、统一管理，建立政府宏观调控、流域民主协商、准市场运作和用水户参与管理的运行模式。

（3）从社会产业结构转型上看，节水型社会涉及节水型农业、节水型工业、节水型城市、节水型服务业等具体内容，是由一系列相关产业组成的社会产业体系。

（4）从社会组织单位看，节水型社会涵盖节水型家庭、节水型社区、节水型企业、节水型灌区、节水型城市等组织单位，是由社会基本单位组成的社会网络体系。

（三）节水型社会建设总体思路

根据《山东省“十一五”节水型社会建设规划》，山东省节水型社会建设的总体思路是：以邓小平理论和“三个代表”重要思想为指导，认真贯彻国家和省建设节水型社会的部署，坚持以科学发展观为指导，以提高用水效率和效益为目标，通过水资源合理配置和非常规水源联合调配、产业结构调整、经济手段调控、加强需水管理和推广新技术新工艺等措施，建设包括农业、工业、服务业和生活节水在内的节水型社会，逐步形成以节流为本的供水安全保障体系，实现水资源可持续利用，为全面建设小康社会提供水资源保障。

1. 节水型社会建设目标

1)“十二五”节水型社会建设目标

山东省节水型社会建设“十二五”规划的总体目标是：到 2015 年，建立最严格水资源管理制度，实行省、市、县三级用水总量，用水效率和水功能区限制纳污“三条红线”控制管理，逐步形成需水管理机制，基本建成覆盖全省的水文水资源监测网络。万元国内生产总值取水量降低到 65 m^3 以下，万元工业增加值取水量降低到 15 m^3 以下，农业节水灌溉率提高到 45% 以上，灌溉水有效利用系数提高到 0.63 以上，工业用水重复利用率提高到 85% 以上，城市管网漏失率控制在 15% 以内，城市污水处理回用率达到 30% 以上，重点水功能区水质达标率提高到 60% 以上，地下水基本实现采补平衡，海水入侵得到有效控制。

2)2020 年节水型社会建设目标

水资源利用效率和效益得到极大提高，万元国内生产总值取水量下降到 40 m^3，工业用水的重复利用率提高到 85%，万元工业增加值取水量下降到 10 m^3，城市供水管网漏失率下降到 8%，城市居民节水意识进一步增强，节水器具普及率达到 80% 以上，农业灌溉水有效利用系数提高到 0.7，基本建成节水型社会。

2.“十二五”节水型社会建设的总体要求

把全面落实最严格水资源管理制度作为全省节水型社会建设的核心工作，重点建立健全考核体系，严格实行问责；把加强需水管理、转变用水方式作为节水型社会建设的重要着力点，调整用水结构，促进经济发展方式转变；把体制机制建设摆在更加突出的位置，完善法规，理顺体制，健全机制；把试点建设作为节水型社会建设的主要抓手，全面发挥试点示范作用；把水资源费作为节水型社会建设最强有力的保障，加大节水投入，保障各行各业节水全面发展。

3.“十二五”节水型社会建设的总体措施

强化取水许可审批管理，严格执行建设项目水资源论证制度，落实建设项目节水设施与主体工程同时设计、同时施工、同时投产制度。未获得取水许可的建设项目不得批准实施，擅自开工建设或投产的一律责令停止。加强水功能区监督管理，把限制入河湖排污总量作为水污染防治和污染减排工作的重要依据。大力推广农业高效节水技术，加强企业节水管理，建设节水示范工程，全面推进节水型社会建设。修订完善节水强制性标准，尽快淘汰不符合节水标准的用水工艺、设备和产品。

（四）“十二五”节水型社会建设的重点

全省“十二五”节水型社会建设工作，要继续围绕四大体系建设，抓住重点领域和关键环节，注重实效，扎实推进，重点要做好以下几项工作。

1. 区域重点

根据山东省水资源承载能力，实行严格的用水总量、用水效率和水功能区限制纳污控制，严格执行用水定额标准，以水定发展，同时加大产业结构调整力度，严格控制高用水和高污染项目，推广先进的节水工艺、技术和设备。

“十二五”期间，山东将全面加快经济文化强省建设步伐，大力实施“五大重点区域”带动战略。根据山东半岛蓝色经济区、黄河三角洲高效生态经济区、胶东半岛高端产业聚集区和鲁南临港产业带、省会城市群经济圈等发展规划或政策及相应的水利发展规划，将上述水资源供需矛盾突出或水生态与环境问题严重的区域作为山东省节水型社会建设的重点区域，针对存在的主要问题，确定其节水型社会建设的重点并提出具体的对策与措施。

各设区市应根据当地水资源和产业结构实际情况，结合省和区域确定的重点区域发展规划或政策意见及其相应的水利发展规划，将水资源供需矛盾突出或水生态与环境问题严重的区域作为节水型社会建设的重点区域，针对存在的主要问题，确定其节水型社会建设的重点并提出具体的对策与措施。全面深入推进淄博、德州、滨州、东营市广饶县4个国家级试点和章丘市、淄川区等21个省级试点单位的节水型社会建设试点工作。

2. 重点领域

（1）农业节水。以提高灌溉水利用效率和发展高效节水农业为核心，结合区域社会主义新农村建设和当地实际，提出调整农业种植结构、灌区续建配套和节水改造、建设高效输配水工程、加强田间高效节水管理、推广和普及农业节水技术等农业节水的主要对策与措施，全面提高农业节水水平。

（2）工业节水。重点提出高用水、重污染工业行业的工业节水主要对策与措施。在合理调整工业布局，加快产业结构调整与经济发展方式转变，严格市场准入，限制高消耗、高排放、低效率、产能过剩行业盲目发展的同时，通过加强用水管理、节水技术改造以及非常规水源利用等措施，降低单位产品取水量和排污量，全面提高工业节水水平。

(3)生活节水。通过强化城镇用水管理、降低城镇供水管网漏损率、推广使用节水器具等，特别是加强供水和公共用水的节约及管理，全面提高城镇生活节水水平；通过加强计划用水和定额管理，全面普及计量设备，推行村镇集中供水，合理利用多种水源等，逐步提高农村生活节水水平。

(4)非常规水源利用。根据当地水资源供需状况，在合理开发利用地表水、地下水的同时，结合区域实际情况，逐步提高非常规水源(再生水、雨水、海水、微咸水、矿井水等)的利用水平，以提高区域水资源的利用效率。

(5)水资源保护。通过节约用水，提高水资源利用效率，加大污水处理和再生利用力度，减少废污水排放量和污染物入河量，实行废污水和污染物入河总量控制，提高水功能区达标率，加强水资源的有效保护；通过水资源的节约，逐步退还被挤占的生态环境用水，保障基本生态环境用水，促进生态环境良性循环。

3. 重点工程建设

根据山东省实际情况，在工业、农业、城镇生活、非常规水源利用及能力建设等领域，结合节水型社会试点建设及其经验的推广，有针对性地实施一批与当地社会经济状况和水资源态势相匹配的节水工程；要求明确各项工程的实施地点、主要内容、责任单位、实施时间、投资估算、投资主体和工程节水量或替代水资源量，并与规划设定的节水型社会建设目标和任务相呼应，与相关规划协调和衔接。

1)农业节水重点工程

农业节水重点工程包括大中型灌区续建配套与节水改造工程、小(微)型农田基础设施建设工程、农业高效节水工程、雨水集蓄利用工程、旱作节水工程、水稻种植区节水灌溉工程、养殖业节水工程等。重点从节水增效、保护生态的角度，抓好输水、灌水、用水及管理过程节水，建设高效节水工程。加快实施大中小型灌区续建配套与节水改造，逐步实现渠道防渗化、井灌区管道化；完善田间灌溉设施，以大田节水技术为重点，因地制宜进行喷（微）灌和膜下灌等高效节水工程建设。重点工程应突出地方特色，如黄河三角洲应发展压碱节水灌溉工程，引黄灌区、水库灌区、引河（湖）灌区、井灌区、井渠双灌区应根据灌区特点，发展相应的高效节水灌溉工程。农业节水工程项目应依据相关规划确定，做好与相关规划的衔接，上报的工程表中应注明相应的规划依据。

2）工业节水重点工程

从电力、石化、钢铁、纺织、造纸、化工等耗水大的行业中，选择产能较大、基础条件好的企业，从取水、供水、用水、耗水、排水等环节，安排一批节水工艺改造及循环用水工程。

电力行业主要建设以循环水系统改造、废污水回收再生利用为主的节水工程；石油石化行业主要建设以循环水系统改造、冷凝水回收利用改造、废污水回收再生利用为主的节水工程；钢铁行业主要建设以循环水系统改造、干法息焦、废污水回收再生利用为主的节水工程；纺织行业主要建设循环水系统改造、节水型前处理工艺改造、节水型染色技术改造、新制浆技术节水、废水深度处理回用为主的节水工程项目；造纸行业主要建设循环水系统改造、中浓封闭筛选系统改造、碱回收蒸发站污水冷凝水的分级及回用系统、废液综合利用、废污水回收再生利用等节水工程项目；化工行业主要建设循环水系统改造、合成氨系统优化、废污水回收再生利用等节水工程项目。

3）城镇生活节水重点工程

安排一批城镇供水管网改造，城镇生活节水器具推广和学校、生活小区、机关、服务业中水利用工程。供水管网改造重点对运行30年以上及严重漏损的供水管网进行改造，以降低漏损和能耗，减少二次污染；进一步加强与政府有关部门、供水部门的沟通协调，在当地供水管网改造的基础上实地调查、统筹规划，逐步实行区域供水。

4)非常规水源利用重点工程

针对山东省自然状况和水资源特点,建设相应的非常规水源利用工程。应设立专项资金用于污水处理回用、雨水利用、海水直接利用和淡化、微咸水利用、矿井水利用等非常规水源利用技术研发。在有条件的地方安排雨水集蓄利用工程,分别用于人畜饮水、灌溉用水和景观用水;在沿海缺水地区安排海水淡化或直接利用工程;各地要大力推广污水处理再生利用工程,加快污水处理厂及其配套管网建设。

5)取用水计量设施建设工程

加快取用水计量设施建设。加强省界、市界等重要断面计量监测设施建设,鼓励建设取排水自动计量与远程监测工程,完善取用水计量、监测系统。全面推进全省范围内水资源管理信息系统的一体化建设,为水资源信息化建设、实行最严格水资源管理制度提供支撑。

6)节水示范工程

在"十一五"时期节水型社会建设试点的基础上,综合考虑地域性(经济发展水平、水资源条件)、典型性(用水量、用水水平与效率)和代表性(不同行业、不同用水类型),全省将建设一批节水示范工程,树立典型,示范推广。

组织部署一批大中型灌区和农业高效节水示范工程,高用水行业的节水型重点企业或工业园区,节水型学校、生活小区、机关、服务业等示范工程。

"十二五"期间节水示范工程应优先安排在节水型社会建设试点区;同时,对入选节水示范工程的农业灌区,重点企业或工业园区,节水型示范学校、生活小区、机关、服务业等各行业用水单位,要认真做好节水相关信息数据的采集与上报工作,逐步建立节水示范区相关信息统计及上报制度,并对示范区的节水工作实行有效的监控和绩效考核,积极组织上报一批国家级节水示范项目。

(五)节水型社会建设面临的新问题

"十二五"时期,是山东加快推进经济文化强省建设的关键时期,是全省率先实现现代化的重要发展阶段,节水型社会建设任务将更加艰巨。

1. 中央保增长、转方式、调结构等一系列重大决策部署，对节水型社会建设提出了更高要求

加快发展方式转变和产业结构调整，保持经济平稳较快发展，是当前和今后较长一个时期我国经济发展的主题。水资源既不可或缺又无法替代，实现经济社会可持续发展，必须以水资源的可持续利用作为基础支撑和保障，特别是在山东省水资源严重短缺的情况下，实现水资源的合理配置、全面节约和有效保护，对于转方式、调结构，促进经济社会全面协调可持续发展，更是至关重要。“十二五”期间，在加强水利建设的同时，必须着眼于促进转方式、调结构，把水资源的调度配置和高效利用作为全省经济调控的重要杠杆，全面提高水资源管理水平和水资源利用效率，加快节水型社会的建设进程，建立最严格水资源管理制度，切实发挥水资源的“硬约束”作用，引导和推动发展方式转变、产业结构调整和经济布局优化。

2. 实施全省重点区域带动战略、加快推进经济文化强省建设，水资源支撑和保障作用将更加凸显

“十二五”期间，必须在科学发展观的指引下，在更高水平上搞好水利规划、建设与管理，为加快推进经济文化强省建设提供防洪、供水和生态三个安全保障，着力提高全省用水效率和效益，加快节水型社会建设，以水资源的可持续利用支撑和保障经济社会的可持续发展。

山东将全面加快经济文化强省建设步伐，大力实施“五大重点区域”带动战略。无论是打造山东半岛蓝色经济区，建设黄河三角洲高效生态经济区、胶东半岛高端产业聚集区和鲁南临港产业带，还是加快省会城市群经济圈发展，都离不开水资源的支撑和保障。打造山东半岛蓝色经济区，要求在加快“山东水网”建设、提供可持续水资源保障的基础上，进一步加快重要入海河口水生态环境治理，加大沿海防潮建设力度。建设黄河三角洲高效生态经济区，要求全面加强水生态环境保护与修复，在保证地下水采补平衡的基础上，营造良好的水生态环境，保障区域水生态安全。建设胶东半岛高端产业聚集区和鲁南临港产业带，不仅要求更高标准的供水保障率，而且要求提供更加可靠的防洪防风暴潮安全保障。加快省会城市群经济圈发展，对供水保障、用水

效率等都提出了更高层次的要求。

3. 面对人民群众对美好生活的新期待，水资源保障和改善民生的责任将更加重大

服务与保障民生是水利工作的永恒主题，也是水利发展的根本目的所在。随着经济社会的快速发展和广大人民群众生活水平的不断提高，迫切需要提供更加可靠的防洪安全保障和饮水安全保障；确保国家粮食安全，规划实施新增千亿斤粮食生产能力建设，对农业供水保障能力和灌溉效率提出了更高要求；适应城乡统筹发展、加快社会主义新农村建设的进程，迫切要求加大城乡水环境整治力度。这一系列直接涉及民生的水利工作任务都十分紧迫。农业是山东省第一用水大户，受水资源总量的限制，加上经济社会快速发展挤占的农业用水逐渐增多，提高农业用水效率，大力发展节水型农业，是广大人民群众生活水平提高和粮食安全的重要保障。

第六章 可持续发展水利

第一节 促进水利可持续发展的理论基础

科学发展观是当前推动水利可持续发展的重要理论基础。2011年中共中央、国务院颁布的“一号文件”《中共中央 国务院关于加快水利改革发展的决定》，对推动新世纪新阶段的水利可持续发展有着极其重要的指导意义。

一、全面、协调、可持续是科学发展观的基本要求

科学发展观的基本要求是全面、协调、可持续。所谓全面发展，就是要以经济建设为中心，全面推进经济、政治、文化和社会建设，实现经济发展和社会全面进步。我们强调加快经济发展，不是单纯追求国内生产总值增长，而是要以科学精神、科学态度和科学的思想方法看待国内生产总值，防止任何片面性和绝对化。要把加快经济发展，建立在优化结构、提高质量和效益的基础上。要在大力加强经济发展的同时，大力加强政治建设、文化建设、社会建设。

所谓协调发展，就是要统筹城乡发展、统筹区域发展、统筹经济社会发展、统筹人与自然和谐发展、统筹国内发展和对外开放。坚持“五个统筹”，就是在大力推进经济发展的同时，兼顾经济社会各个方面的发展要求，实现经济社会各构成要素的良性互动，在统筹兼顾中求发展，以发展促进更好的统筹协调，推进生产力和生产关系、经济基础和上层建筑相协调，推进经济建设、政治建设、文化建设、社会建设的各个环节、各个方面相协调，推动经济发展和社会全面进步。

科学发展观主张可持续发展。可持续发展指的是发展进程的持久性、连续性和可再生性，中心思想是强调发展必须考虑人口、资源和生

态的承受力和持久支持力。就是要促进人与自然的和谐,实现经济发展和人口、资源、环境相协调,坚持走生产发展、生活富裕、生态良好的文明发展道路,保证一代接一代地永续发展。要实现可持续发展,必须正确认识和处理当前发展与长远发展的关系,把当前利益和长远利益结合起来。既要考虑当前发展的需要,又要考虑未来发展的需要;既要遵循经济规律,又要遵循自然规律;既要讲究经济社会效益,又要讲究生态环境效益。要抓紧解决当前经济社会发展中亟待解决的突出矛盾和问题,同时要着眼未来发展,坚决防止急功近利的短期行为。要从人民群众的根本利益出发,着眼于满足人民群众的需要和促进人的全面发展,着眼于人与自然的和谐,以利于中华民族和人类的长远发展。

全面、协调和可持续是一个有机整体。全面是从广度和静态上说的,讲的是发展内容;协调是从动态着眼的,是说发展要在运动中实现平衡,进而保证发展的全面性;可持续是讲发展时间前后的不间断性,它要求全面发展的各部分内容的持久性和连续性。以全面、协调和可持续发展为基本内容的科学发展观的提出和运用,标志着中国共产党对社会主义现代化建设规律认识的又一次深化,表明中国共产党关于中国社会主义发展的指导思想更加符合发展的要求和本质。

二、以科学发展观为理论基础,推进水利可持续发展

以科学发展观为理论基础,推进水利可持续发展应当做到:坚持以人为本,树立全面、协调、可持续的发展观,紧紧围绕全面建设小康社会和和谐社会的目标,以水利规划和前期工作为基础,以稳定投资规模为前提,以确保防洪安全、饮水安全、粮食安全、供水安全和生态安全为重点,以强化投资计划和规划管理为手段,以改革体制和创新机制为动力,充分发挥水利工作的基础作用,加快水利的改革与发展,夯实水利基础,建设节水型社会,提高水资源的利用效率和效益,以水资源的可持续利用保障经济社会的可持续发展。

按照科学发展观的要求,在推进水利可持续发展工作中应坚持以下原则。

（一）坚持以人为本的原则，着力解决好与人民切身利益密切相关的水利问题

要在规划编制、项目审批、投资安排、工程建设、协调监督等方面，重视调查研究，注意倾听和尊重基层与当地群众的意见，妥善解决出现的问题，从保障人民生命财产安全、提高人民群众生活水平和生活质量的实际要求出发，把人民群众的根本利益作为工作的出发点和落脚点，努力满足人民群众对水利发展的需求，促进人的全面发展。

（二）坚持人与自然和谐的原则，促进水资源可持续利用

实现人与自然和谐发展，是新时期治水思路的本质特征，也是科学发展观的内在要求。坚持人与自然和谐发展的思想，对促进经济社会可持续发展、减轻自然对人类活动的报复而产生的灾害具有十分重要的意义。在水利工作中，要尊重自然规律和经济规律，科学规划，统筹兼顾，多方论证，慎重决策；妥善处理开发与保护的关系，审慎分析工程建设对生态环境的负面影响，综合兼顾水利工程的经济效益、社会效益和环境效益；努力构建人与自然和谐的防洪减灾保障体系、水资源安全供给保障体系和水环境安全保障体系，以水资源可持续利用保障经济社会的可持续发展。

（三）坚持水利与经济社会协调发展的原则，不断提升水利基础设施服务于经济社会发展的能力，努力拓宽水利的社会公共管理职能和领域

水利发展的目标、速度、规模、水平要与经济社会发展相适应。要根据水资源的承载能力和环境状况，合理配置水资源，对经济社会发展布局、结构和规模提出合理建议，促进水利与经济社会的协调发展。同时，还要根据经济社会发展的要求，通过工程的、经济的、行政的、法律的和科技的手段，不断提高水资源和水环境的承载能力，充分发挥水利的社会管理和公共服务职能，满足经济社会全面、协调、可持续发展的需要。

（四）坚持因地制宜、突出重点、统筹发展的原则，解决好流域、区域、城乡水利发展中的突出问题

要按照统筹城乡发展、统筹区域发展的要求，对大江大河的重点防洪治理区及蓄滞洪区、水资源短缺地区、水土流失和水污染重点治理区，制订具有针对性和切实可行的规划方案。要统筹考虑城乡水利发展，既要大力加强农村水利基础设施建设，又要认真分析城市化进程中对水利的要求，加强城市防洪、供水等水利建设，构筑城乡协调、重点突出、各具特色的城乡水利发展体系。

（五）坚持以改革促进发展的原则，通过体制改革和制度创新，不断提高水利工作水平

在水利工作中，要通过深化水利投融资体制改革、行政审批制度改革、水利前期工作招标投标制度改革，理顺水利规划计划管理体制，建立高效运行机制。通过广泛吸纳国内外先进经验和理念，引进和推广国内外先进科学技术，提高水利工作的科技含量和技术水平。通过建立完善的管理制度，提高水利工作依法行政的能力。

三、以2011年两个“一号文件”为指导，推动水利可持续发展

水利是现代农业建设不可或缺的首要条件，是经济社会发展不可替代的基础支撑，是生态环境改善不可分割的保障系统，具有很强的公益性、基础性、战略性。加快水利改革发展，不仅事关农业农村发展，而且事关经济社会发展全局；不仅关系到防洪安全、供水安全、粮食安全，而且关系到经济安全、生态安全、国家安全，更关系到水利可持续发展。

（一）加快水利改革发展的指导思想、目标任务和基本原则

加快水利改革发展的指导思想是：全面贯彻党的十七大和十七届三中、四中、五中全会精神，以邓小平理论和“三个代表”重要思想为指导，深入贯彻落实科学发展观，把水利作为国家基础设施建设的优先领域，把农田水利作为农村基础设施建设的重点任务，把严格水资源管理作为加快转变经济发展方式的战略举措，注重科学治水、依法治水，突出加强薄弱环节建设，大力发展民生水利，不断深化水利改革，加快建设节水型社会，促进水利可持续发展，努力走出一条中国特色水利现代化道路。

按照以上指导思想，山东省水利改革发展的主要目标是：到2020

年，基本建成长江水、黄河水与当地水贯通，库河湖相联，城乡统筹一体的现代化水网体系，促进全省水资源的科学调度和优化配置；基本建成反应迅速、可靠完备的防汛抗旱保障体系，有效防御水灾害威胁；基本建成蓄泄兼筹、调控自如的雨洪水资源利用体系，实现由控制洪水向管理洪水的转变；基本建成河湖健康、人水和谐的水生态体系，有效保护自然生态系统；基本建成制度完备、统一高效的节水型社会管理体系，实现全省水资源的可持续利用；基本建成技术先进、功能齐全的水利信息化体系，促进水利管理的自动化、数字化、智能化。经过10年左右的努力，基本实现水利现代化。

加快水利改革发展的基本原则是：一要坚持民生优先。着力解决群众最关心、最直接、最现实的水利问题，推动民生水利新发展。二要坚持统筹兼顾。注重兴利除害结合、防灾减灾并重、治标治本兼顾，促进流域与区域、城市与农村、东中西部地区水利协调发展。三要坚持人水和谐。顺应自然规律和社会发展规律，合理开发、优化配置、全面节约、有效保护水资源。四要坚持政府主导。发挥公共财政对水利发展的保障作用，形成政府、社会协同治水、兴水合力。五要坚持改革创新。加快水利重点领域和关键环节改革攻坚，破解制约水利发展的体制机制障碍。

（二）加快水利改革，实现六个突破，推动水利可持续发展

按照山东省委、省政府2011年“一号文件”要求，推动山东水利可持续发展，“十二五”期间，要在以下六个方面实现突破性进展：

一是大幅度提升城乡供水保障能力。全省新增雨洪水资源利用量5亿m^3，年供水能力达到300亿m^3，基本满足一般年份经济社会发展用水需求；农村自来水普及率达到95%，全面解决农村饮水安全问题。

二是大幅度提升防洪抗旱减灾能力。基本完成规划内重点中小河流重要河段治理任务，达到国家规定的防洪标准，重点城市达到100年一遇以上防洪标准，应对极端灾害性天气能力显著增强。

三是大幅度提升农田水利建设水平。全省初步建成旱能浇、涝能排的农田灌排系统，完成70%的大型灌区续建配套与节水改造任务，农田有效灌溉面积增加到600万hm^2，旱涝保收高标准农田达到400

万 hm^2。

四是大幅度提升水系生态质量。水土流失治理率达到70%，湿地保护率达到60%；主要水功能区水质达标率达到60%以上，城乡主要水源地水质达标率达到90%以上，地下水漏斗区和海水入侵区面积大幅度缩小，基本实现地下水采补平衡，水生态环境显著改善。

五是大幅度提升节水型社会管理水平。最严格水资源管理制度全面实施，科学合理的水价形成机制基本建立，全省年用水总量控制在292亿 m^3 以内，万元国内生产总值取水量下降到65 m^3 以下，万元工业增加值取水量下降到15 m^3 以下，农田灌溉水有效利用系数提高到0.63，用水效率明显提高。

六是大幅度提升水利科技与信息化水平。科技创新能力明显增强，基本建成全省水利信息监测采集传输处理网络、公共平台和重点业务应用系统。

第二节　依法保障水利可持续发展

水是最重要的生态环境要素和最宝贵的自然资源，既是人类生存不可或缺的生命之源，也是现代工农业生产的物质基础。为了水利可持续发展，必须建立健全法律法规体系，做到有法可依，执法必严，违法必究。

一、建立完善的水法律法规体系

（一）按照水利可持续发展的要求，不断调整立法方向

依法治水是推动水利可持续发展的重要保障。国家十分重视水法治建设，颁布实施了《水法》、《防洪法》、《水土保持法》、《水污染防治法》等4部水法律，国务院也出台了一批水行政法规。以国家法律法规为基础，山东省也先后出台了一系列地方性法规，构建了山东省水法规的基本框架，为依法治水提供了法律依据。但是也应该看到，现有的许多水法律法规难以满足水利可持续发展的要求，应进行及时调整和修订。

第一，在完善行政赋权的同时，立法应更多地向行政问责调整。这一点已经在《国务院关于落实科学发展观加强环境保护的决定》（国发〔2005〕39号）中被明确提出。该决定第十九条指出：规范环境执法行为，实行执法责任追究制，加强对环境执法活动的行政监察。不仅仅是要对执法部门加强执法行政监察，也要对政府责任的落实进行审核。

第二，在完善相对人的义务的同时，立法应更多地向明确法律关系各方权利义务关系的方向调整。立法不应仅是简单地告诉规制对象应该或者不该做什么，更应该明确地界定与水环境、水资源相关的法律关系各方的法律权利与义务关系。换句话说，就是立法不应只注重行政法律关系的调整，还应该注重民事法律关系的调整，这样更有利于运用市场机制和司法途径来达到立法目的。

第三，在完善行政执法程序建设的同时，向健全社会监督机制的方向调整。也就是通过信息公开等方式为公众参与创造条件，充分发挥公众及社会组织的作用。

（二）确立以《水法》为主的立法体系

目前，《水法》与《环境保护法》、《水污染防治法》、《水土保持法》等处于同等的法律地位，缺乏法律优先效力，难以发挥对其他相关法规的指导作用，这对推动水利可持续发展是不利的。应对《水法》进行修订，以提高《水法》的法律地位，建构以《水法》为上位法的水资源生态保护体系。在《水法》中要以专门章节规定水污染防治的相关法律条款，弥补原《水法》在对水质进行保护方面的空白。另外，还要通过增加与《水法》配套的单行法规，填补在水资源生态保护方面的一些立法空白。例如：水的许可证制度，应包括用（取）水许可证、排水（污）许可证、水利许可证等；还有水资源保护区制度，不但包括生活饮用水源保护区，而且包括风景名胜区水体、重要渔业水体、珍贵特有水生物保护区和其他有特殊经济文化价值的水体。另外，在《水污染防治法》中，还应增加对于突发性水污染、水害采取的应急处理措施的内容。

（三）立法应强调保护水资源生态平衡的重要作用

在水资源生态保护立法中，要坚持以人为本这个核心，以全面、协调、可持续发展为内容，用科学发展观指导立法，谋求实现社会经济与环境保护的协调发展,并在发展中维持新的平衡。作为实现人与自然和谐发展的主要法律保障的环境资源法,其立法宗旨是相关法律的指导思想。以水资源生态保护相关法律法规为例,在立法宗旨中应彰显"以人为本"的价值取向,在宏观的生态系统中,人类只是自然的一部分,人类只有尊重自然规律、保持人与自然的和谐关系才符合人类的根本利益。以人为本的科学发展观追求的目标是:既要使人类的各种需要得到满足,个人得到充分发展,又要保持资源和生态环境不对人类后代的生存和发展构成威胁;做到既满足当代人需求,又不危及后代人满足其需求的能力。

(四)必须形成有效的水资源生态保护机制,统一执法主体

水资源与其他自然资源不同,它是可再生的动态资源,地表水和地下水相互转化,上下游、干支流之间相互影响。水又是多功能的,不仅供人类饮用,而且还具有灌溉、发电、航运、渔业等多方面功能,这些功能又是相互联系的,因此对于水资源的生态保护对人类的生存发展有着非常重要的意义。1992 年联合国环境与发展大会通过的《21 世纪议程》中提出,水资源应按流域进行综合管理。我国从 20 世纪 50 年代开始在七大江河建立流域管理机构,在流域综合开发利用与管理方面做了大量工作和有益探索。2002 年新修订的《水法》第十二条明确规定:国家对水资源实行流域管理与行政区域管理相结合的管理体制。

流域管理有利于因水污染产生的生态补偿。水是流动的,支流汇入主干,上游流往下游,造成的污染范围也是流动的,损害的后果下游比上游重,主干比支流重。由环保部门监督处罚,受行政区域的限制,执法不能到位;如果由流域水务部门执法,这些矛盾的主要方面就迎刃而解,既能有效打击造成水质污染的违法者,也有利于保护对流域生态作出积极贡献的地区。

《水法》在法律责任部分,赋予流域管理及行政区域管理水务部门监督检查权和经济处罚权,但还是局限在有关水利工程的管理这一块。对于因水质污染进行行政执法这一块,仍按《水污染防治法》由环保部门监督处罚。

新时期水法律法规体系建设,应坚持"独龙治水"方针,不仅要把水质污染监督管理写进《水法》,而且需将执法权赋予水务部门,由环保部门在技术上支持,并实行有效监督。这样也利于在执法中将流域管理与区域管理有机结合起来。通过立法彻底解决在水资源生态保护方面同一区域不同执法主体管理的冲突,以及同一执法主体在不同行政区域如何行使执法权的冲突这样两个重要的关键问题。

二、加强水利综合执法

(一)搞好水利执法机构设置和职能调整

搞好水利执法机构设置和职能调整,是水利综合执法工作的重点、难点和关键所在。应以集中行使行政处罚权为重点,将行政处罚、行政征收等职能相对集中起来,由水政监察机构统一行使,鼓励各单位在水利综合执法的权限、范围、机构设置等方面进行积极探索和突破创新,行政许可权、行政审批权集中。同时,为便于加强领导和协调工作,涉及执法管理的有关职能部门应由一名单位领导分管。

(二)加强执法队伍建设

提高执法人员素质,建立一支高效、公正、廉洁的水行政执法队伍。应加快水事监督执法能力建设,增强执法手段,提高执法水平,提高现场执法能力和应对突发性水环境事件、水事纠纷的能力。水政监察机构作为水行政主管部门的一支综合执法队伍,要在原来的基础上对人员进行调整充实,选拔一批政治思想好、作风正派、有事业心、熟悉水利和法律业务知识的人员充实到水政监察队伍中来。要以推行行政执法责任制和评议考核制为重点,加强制度建设,规定执法人员相应的责、权、利,把法定的权利和义务进行分解、量化、细化,明确执法范围、权限、程度、标准和责任,制定配套考核标准和奖惩办法。另外,还要健全和落实错案追究与行政赔偿等制度,树立严格执法、文明执法的责任心。

(三)建立规范的执法管理运行机制

健全日常管理的各项规章制度和工作规范,严格实行执法目标责任制、评议考核制和执法过错责任追究制度。强化政务公开,涉及社会管理的有关政策文件及办事制度、办事程序等要向社会公开,增加执法的透明度。强化执法管理,不断加大依法收费和水事违法案件的查处力度。

第三节　水利可持续发展的体制和机制

善治国者,必善治水。大兴水利,推动水利可持续发展,必须进一步深化水利改革,推动水利体制机制创新,为水利发展提供不竭动力。根据水利发展"十二五"规划的要求,至2015年末,山东省重点领域和关键环节改革应取得如下突破:最严格水资源管理制度体系初步建立,以公共财政为主渠道的稳定增长的水利投融资体制基本形成,水利工程良性运行与管护机制基本健全,水价形成机制初步理顺。

一、实行最严格水资源管理制度

多年来,山东省高度重视水资源问题,水资源开发、利用、节约、保护和管理工作取得显著成效。山东省以约占全国1%的水资源,灌溉了占全国6%的耕地,生产了占全国8%的粮食,养育了占全国7%的人口,支撑了占全国10%的经济总量。特别是"十一五"期间,全社会用水效率和效益明显提高,水环境和水生态状况得到有效改善,有力地保障了经济社会可持续发展。但要清醒地看到,人多水少、水资源时空分布不均、与生产力布局不相匹配仍然是山东省的基本省情和基本水情,长期以来形成的水资源过度开发、粗放利用、污染严重、生态恶化的状况仍未根本改变,水资源问题仍然是制约可持续发展的主要瓶颈。随着工业化、城镇化深入发展,全球气候变化影响加大,全省水资源形势更趋严峻,强化水资源节约保护工作越来越繁重。

山东省委、省政府2011年"一号文件"明确提出,要把严格水资源管理作为加快转变经济发展方式的战略举措,实行最严格水资源管理制度,确立用水总量控制、用水效率控制、水功能区限制纳污"三条红线",到2015年,全省年用水总量力争控制在292亿m^3以内,万元国内生产总值和万元工业增加值取水量明显降低,农田灌溉水有效利用系数提高到0.63,主要江河湖泊水功能区水质明显改善,城镇供水水源地水质全面达标,地下水超采基本遏制。这是省委、省政府从全省事业全局出发,准确把握基本省情和水情,科学判断经济社会发展和水资源形势,作出的一项重大战略决策,标志着实行最严格水资源管理制度已成为全省的共同意志和重大战略。

落实最严格水资源管理制度是水利改革发展的核心,也是山东省2011年"一号文件"关于制度建设的强调重点。实行最严格水资源管理制度,将在生产、流通、消费的各个领域,在经济社会发展的各个方面控制用水总量、提高用水效率、减少废污水排放,以尽可能少的水资源消耗和水环境代价,获得尽可能大的经济效益和社会效益,通过用水方式转变,进一步促进经济发展方式的转变。

2010年12月12日,水利部和山东省政府签署了《现代水利示范省建设合作备忘录》,水利部将在加快山东现代水网建设、建立最严格水资源管理制度、加强现代农村水利建设、打造生态水系、推进水利科技创新和信息化能力建设等方面加大支持力度。2010年9月14日山东省政府第八十一次常务会议,通过了《山东省用水总量控制管理办法》,其后配套印发了《山东省区域年度用水总量监测暂行办法》等规范性文件,标志着最严格水资源管理制度的法律框架已经形成。与此同时,山东制定了省、市、县三级区域用水总量、用水效率、水功能限制纳污指标体系,划定地下水位、工程可用水量及水功能区限制纳污三条警戒线,形成了"以供定需"、"一控双促"(通过控制用水总量,促进用水方式和经济发展方式转变)的倒逼机制。为加快建立最严格水资源管理制度,保障城乡用水安全,促进水生态环境改善,实现水资源的可持续利用,山东省水利厅制定发布了《山东省重点水功能区纳污警戒线》、《山东省重点地下水源地水位(埋深)警戒线》、《山东省重点工程可供水量警戒线》,对全省重点水功能区、重点地下水源地地下水位、重点工程可供水量实行黄色、橙色、红色三级预警管理。

山东省争取用3年左右的时间基本构建起最严格水资源管理制度框架体系,用5年左右的时间建立起较为完善的最严格水资源管理制度体系。

（一）建立用水总量控制制度

《山东省用水总量控制管理办法》规定，用水总量控制实行规划期用水控制指标与年度用水控制指标相结合的制度。规划期用水总量控制指标以省政府批复的《山东省水资源综合规划》和有关水量分配方案等为依据，分别制定区域地表水、地下水及区域外调入水量控制指标。山东省 2011 ~ 2015 年用水总量控制指标核定为 292.51 亿 m^3，其中地表水 108.49 亿 m^3，地下水 104.32 亿 m^3，引黄水量 65.03 亿 m^3（黄河干流），调引长江水 14.67 亿 m^3。年度用水控制指标则以规划期用水总量控制指标为上限，综合考虑区域现状水资源开发利用量、水功能区水质、地下水采补平衡监测结果和用水效率考核结果合理确定。

这一指标是按照可持续发展的要求，综合考虑了山东省的水资源条件和经济社会发展、生态环境保护的用水需求确定的，是山东省用水总量控制的红线。当前，应及时制订水量分配方案，将用水总量逐级分配到各个市区，明晰初始水权。同时，也要发挥市场配置资源的作用，探索建立水市场，促进水权有序流转。

这一制度，以年度采补平衡为底线，依据《山东省水资源综合规划》测定省、市、县三级用水总量控制指标体系，以形成“以供定需”、“一控双促”的倒逼机制。

（二）建立用水效率控制制度

首先应分地区、分行业制定一整套科学合理的用水定额指标体系。目前，山东省虽然制定了一些用水定额指标，但指标体系还不完整，有的定额过宽、过松，难以起到促进提高用水效率的作用。用水定额应根据当地的水资源条件和经济社会发展水平，按照节能减排的要求，综合研究确定。其次，应加强用水定额管理。把用水户定额执行情况作为节水考核的重要依据，建立奖惩制度。应实行严格的用水器具市场准入制度，逐步淘汰不满足用水定额要求的生活生产设施和工艺技术。同时，充分发挥价格杠杆作用，实行超定额用水累进加价制度，鼓励用水户通过技术改造等措施节约用水，提高用水效率。

（三）建立水功能区限制纳污制度

我国《水法》明确规定，要按照水功能区对水质的要求和水体的自然净化能力，核定该水域的纳污能力。目前，山东省一些河湖的入河污染物总量已超出其纳污能力，水污染严重。当前，要按照《水法》规定，履行相关审批程序，明确水功能区限制纳污红线，建立一整套水功能区限制纳污的管理制度，严格监督管理。对于现状入河污染物总量已突破水功能区纳污能力的地区，要特别加强水污染治理，下大力气削减污染物排放量，严格限制审批新增取水和入河排污口。

（四）建立水资源管理责任和考核制度

落实最严格水资源管理制度，关键在于明确责任主体，建立有效的考核评价办法。要把水资源管理责任落实到县级以上地方政府主要负责人，实行严格的问责制。将水资源开发利用、节约保护的主要控制性指标纳入各地经济社会发展综合评价体系，严格考核，考核结果作为地方政府相关领导干部综合考核评价的重要依据。应重视完善水量水质监测体系，提高监控能力，做到主要控制指标可监测、可评价、可考核，为实施最严格水资源管理制度提供技术支撑。

（五）建立严格取水许可制度

申请取水许可必须限制在总量控制指标内，必须符合产业政策和用水定额标准，必须通过水资源论证、水保方案审批和防洪影响评价，必须满足节水“三同时”要求。未获取水许可的，发展改革、经济信息化部门不得批准项目立项，环保部门不得批准环评报告。

二、建立科学的水利工程建设和管理体制

（一）建立现代水利工程管理体系

山东省《关于水利工程管理体制改革的实施意见》指出，水利工程管理体制改革的主要目标是：理顺管理体制，创新运行机制，基本建立起机构合理、人员精干、运行高效、服务优质的水利工程管理体系；建立职能明确、权责清晰的水利工程管理体制；建立科学管理、经营规范的水利工程管理单位运行体制；建立市场化、专业化和社会化的水利工程维修养护体系；建立合理的水价形成机制和有效的水费计收方式；建立

规范的资金投入、使用、管理与监督机制，以及较为完善的政策法律支援体系。

1. 明晰水利工程管理单位权责，规范管理行为

水利工程实行统一管理与分级管理相结合的管理体制。大、中型防洪、调水、灌溉等水利工程，原则上由市水行政主管部门负责管理；县（市、区）水行政主管部门负责本行政区域内水利工程的管理；其他部门兴建的水利工程由部门自行管理，但应接受水行政主管部门的指导和监督。

深化小型水利工程产权制度改革，明晰工程所有权和使用权，落实管护主体和责任。公益性小型水利工程管护经费由财政给予补助，探索社会化和专业化的多种水利工程管理模式。对非经营性政府投资项目，加快推行代建制。引导经营性水利工程积极走向市场，完善法人治理结构，实现自主经营、自负盈亏。进一步搞好水利工程确权划界，明确工程产权和管理保护范围。健全完善省、市、县水利工程管理体制，强化对水利工程管理的指导和监督。

各级政府要依法保障行政区域内水利工程的安全，限期消除险情；水行政主管部门对辖区内水利工程负有行业管理责任，负责监督检查水利工程的管理养护和安全运行，对其直接管理的水利工程负有监督资金使用和资产管理的责任；水利工程管理单位负责水利工程的管理、运行和维护，保证工程安全和发挥效益。

水行政主管部门管理的水利工程出现安全事故的，要依法追究水利工程管理单位和水行政主管部门的责任；其他单位管理的水利工程出现安全事故的，要依法追究业主责任和所属行政主管部门的行业管理责任。辖区内水利工程出现安全事故的，当地政府负有不可推卸的责任。

2. 分清管理单位类别，严格定编定岗

区分水利工程性质，分类进行改革，建立水利工程建设和管理运行长效机制。巩固国有大中型水利工程管理体制改革成果，水利工程管理单位的具体性质由机构编制部门会同同级财政和水行政主管部门按有关规定确定。

严格定编定岗,事业性质水利工程管理单位的编制由机构编制部门会同同级财政和水行政主管部门核定。实行水利工程运行管理和维修养护分离(简称管养分离)后的维修养护人员、准公益性水利工程管理单位中从事经营性资产运营和其他经营活动的人员,不再核定编制。各水利工程管理单位要根据国家、省、市关于岗位管理的政策,结合各自实际,在批准的编制总额内合理定岗。事业性质水利工程管理单位应根据批准的编制,按照国家有关规定进行运行、维护和基本支出测算,测算结果由同级水行政主管部门会同财政部门核准。

3. 规范管理单位财政支出,强化资金管理

1)规范支出渠道,根据水利工程管理单位的类别和性质,采取不同的财政支付政策

落实好公益性、准公益性水利工程管理单位基本支出和维修养护经费。纯公益性水利工程管理单位编制内在职人员经费、离退休人员经费、公用经费等基本支出由同级财政负担,工程日常维修养护经费在水利工程维修养护岁修资金中列支,工程更新改造费用纳入各级基本建设投资计划。事业性质的准公益性水利工程管理单位编制内承担公益性任务的在职人员经费、离退休人员经费、公用经费等基本支出以及公益性部分的工程日常维修养护等项支出由同级财政负担,工程更新改造费用纳入基本建设投资计划;经营性部分的工程日常维修养护经费由企业负担,工程更新改造费用在折旧资金中列支,不足部分纳入基本建设投资计划。事业性质的准公益性水利工程管理单位的经营性资产收益和其他投资收益要纳入单位的经费预算。各级水行政主管部门应及时向同级财政部门报告该类水利工程管理单位各种收益的变化情况,以便财政部门实行动态核算,并适时调整财政补贴额度。

2)积极筹集工程维修养护岁修资金

为保障水利工程管理体制改革的顺利实施,各级政府要合理调整水利支出结构,增加对水利工程管理的投入,积极筹集水利工程维修养护岁修资金。各级水利工程维修养护岁修资金来源为各级财政预算资金、水利建设基金和河道工程维护管理费。各有关部门要深化改革,积极探索市场化运作筹集资金的有效途径。市级维修养护岁修资金主要

用于市管水利工程、大型和重点中型水利工程以及对经济欠发达地区公益性水利工程的维修养护经费补助。各县(市、区)也要落实所管辖工程的维修养护资金。

所有水利行政事业性收费实行“收支两条线”管理。经营性水利工程管理单位和准公益性水利工程管理单位所属企业应按规定提取工程折旧费,专款专用,保证工程的更新改造。各有关部门要加强对水利工程管理经费落实情况和水利工程管理单位各项资金使用情况的审计与监督检查。

4. 推进水利工程管理单位内部改革,实行管养分离

1)分类进行人事、劳动、分配等相关制度改革

事业性质水利工程管理单位要按照事业单位改革的有关规定和精简高效原则,全面实行人员聘用制度,按岗聘人。职工竞争上岗,并建立严格的目标责任制度;水利工程管理单位负责人由主管部门通过竞争方式选任。事业性质水利工程管理单位仍执行国家统一的事业单位工资制度和工资标准,同时鼓励在国家政策允许范围内,探索符合市场经济规则、灵活多样的分配机制,把职工收入与工作职责和绩效紧密结合起来。企业性质水利工程管理单位要建立归属清晰、权责明确、保护严格、流转顺畅的产权制度,并按照现代企业制度要求,规范公司股东会、董事会、监事会和经营管理者权责,完善企业领导人员聘任制度,做到自主经营、自我约束、自负盈亏、自我发展。

2)规范经营活动

准公益性水利工程管理单位要在科学划分公益性和经营性资产的基础上,对内部承担防洪、排涝等公益性职能部门和承担供水等与水利工程有关的多种经营职能部门进行严格划分,做到事企分开,将经营部门转制为水利工程管理单位下属企业,财务独立核算。企业性质的准公益性水利工程管理单位和经营性水利工程管理单位的投资经营活动,原则上应围绕与水利工程相关的项目进行,并保证水利工程日常维修养护经费的足额到位。要加强国有水利资产管理,明确国有资产出资人代表。水利经营性项目的投资和运营,由同级人民政府授权的国有资本运营机构负责,并承担保值增值责任。

3）积极推行管养分离

水利工程管养分离一般分为三个阶段：第一阶段，将维修养护业务人员进行分离，对维修养护实行内部合同管理；第二阶段，将维修养护部门与水利工程管理单位分离，转制为企业的仍以承担原单位的养护任务为主；第三阶段，将工程维修养护业务从所属水利工程管理单位完全剥离，水利工程管理单位面向社会公开招标择优确定维修养护企业，使水利工程维修养护走上社会化、市场化和专业化的道路。有条件的可以一步到位，彻底分离。

（二）建立科学的水利建设管理体制

建立科学的水利建设管理体制，就是建立适应社会主义市场经济要求、与国际管理惯例接轨、充满生机和活力的水利建设管理新体制。

1. 严格执行基本建设程序

水利工程建设要严格执行基本建设程序。新建大中型水利工程建设项目要根据国家批复的流域综合规划和专项规划，按程序分别提出项目建议书、可行性研究报告和初步设计报告；除险加固、更新改造、续建配套等项目按照国家规定的程序完成前期工作审批。主体工程开工要提交开工申请报告，履行开工审批手续。严格设计变更管理，重大设计变更应报原审批单位批准。生产准备要落实管理机构、人员和经费，做好技术、物资等准备。工程验收要严格按验收规定和规程进行。

项目法人应按照有关规定申请开工审批，经有审批权的水行政主管部门批准后开工建设。各地要加强对水利工程建设项目的验收管理，按照有关规定做好各项目、各阶段验收工作，未经验收或者验收不合格的，不得交付使用或者进行后续工程施工。工程完工后要及时组织竣工验收，按照国家有关规定，先行组织开展相关专项验收，并完成竣工财务决算及审计工作。

2. 完善建设项目法人责任制

根据水利工程建设项目性质和类别的不同，确定不同的项目法人组建模式和项目法人职责。经营性和具备自收自支条件的准公益性水利工程建设项目，要按照现代企业制度的要求，组建企业性质的项目法人，对项目的策划、筹资、建设、运营、债务偿还及资产的保值增值全过程负责，自主经营，自负盈亏。公益性和不具备自收自支条件的准公益性水利工程建设项目，可按照“建管合一”的要求，组建事业性质的项目法人，负责工程建设和运行管理，或委托专业化建设管理单位，行使建设期项目法人职责，对项目建设的质量、安全、进度和资金管理负责，建成后移交运行管理单位。项目法人的组建应按规定履行审批和备案程序。大中型水利工程除险加固和更新改造项目，工程运行管理单位的技术力量满足建设管理要求的，可以依托运行管理单位组建项目法人。中小型病险水库（闸）除险加固、灌区续建配套与节水改造、泵站更新改造及中小河流治理、农村饮水安全、水土保持等项目，以县（市）为单位组建项目法人，实行集中建设管理，承担本地区各类中小型水利工程的建设管理职责。有条件的县可组建常设的、事业单位性质的项目法人，作为县水行政主管部门所属事业单位，办理事业法人登记手续，落实人员编制和工作经费，承担本县水利工程的建设管理职责。

项目法人应能够独立承担民事责任，具有健全的组织机构和完善的内部管理制度。政府及有关主管部门不得代替履行项目法人职责。水行政主管部门要建立和完善对项目法人的考核制度，建立激励约束机制，加强对项目法人的监督管理。各地要结合水利建设实际，积极创新建设管理模式，有条件的项目可实行代建制、设计施工总承包、BOT（建设—经营—移交）等模式。

3. 建立严格的招标投标制度

要严格履行招标投标程序，规范招标公告发布行为，规范招标文件编制；制订科学合理的评标标准和方法，建立科学的评标体系。加强对水利工程招标代理机构的监管，建立评标专家培训、考核、评价制度，规范评标专家行为，健全评标专家退出机制。强化招标投标行政监督、行政监察和审计工作，健全招标投标举报投诉处理机制，落实招标投标违法行为记录公告制度。

水行政主管部门要积极稳妥地推动水利建设项目按属地原则进入公共资源交易中心交易，加强业务指导和行业监管，促进招标投标工作阳光操作、公开透明、规范有序。积极探索招标投标电子化建设，开展电子招标的试点和推广应用。对于小型水利工程，推行分类打捆招标模式。积极推进水利工程勘察设计招标。

4. 健全建设监理制度

水利工程建设监理是有效控制工程建设进度、质量、投资,促进工程顺利实施的重要措施。总投资 200 万元以上的水利工程建设项目必须实行建设监理制,由取得相应资质等级的监理单位承担。监理单位要依照现行规程规范,落实总监理工程师负责制,配足现场专业监理人员,严格监理程序,强化旁站监理、跟踪检测、平行检测,严禁无证上岗,切实履行监理职责。对小型水利工程,可分类打捆选择监理单位,进行集中监理。严格监理资质资格管理,大力培育监理力量,建立健全监理市场主体退出机制。

5. 完善质量与安全监管体系

建立健全项目法人负责、监理单位控制、勘测设计和施工单位保证、政府部门监督相结合的质量管理体系。为满足大规模水利工程建设,县级水行政主管部门可设立水利工程质量监督机构,对所管辖的水利工程实行政府质量监督,特别要加强对施工现场的质量监管。对参建各方实行质量终身负责制,推广设置质量责任永久性标志。各级水行政主管部门要积极协调同级财政部门,将水利工程质量与安全监督机构工作经费全额纳入部门预算。对工程建设项目积极推行质量"飞检",对关键部位和重点环节实行强制性检测。

强化项目法人、勘测设计、施工、监理等单位安全生产主体责任和各级水行政主管部门的安全监督管理职责,落实"一岗双责"。实行水利工程建设项目安全设施"三同时"制度,加强重点部位、关键环节和重要时段的安全生产日常监督检查,加强水利施工企业"三类人员"(指施工企业主要负责人、项目负责人、安全管理人员)培训考核工作,严格施工现场作业安全操作规程,加强事故隐患排查治理和施工现场"三违"(指违章指挥、违章操作、违反劳动纪律)行为处罚力度,对发生的安全生产事故要按照"四不放过"(指事故原因未查明不放过,责任人未处理不放过,整改措施未落实不放过,有关人员未受到教育不放过)的原则进行处理。

6. 建立水利建设市场监管体系

从事水利工程建设项目设计、施工、监理、质量检测、招标代理等活动的单位，必须具备水利建设市场准入条件，在其资质等级许可范围内承揽业务，不得超越资质许可扩大经营范围。按照分级管理的原则，水利部和省级水行政主管部门负责完善市场主体和执（从）业人员退出机制，对企业取得资质后是否符合资质等级标准进行动态管理。各级水行政主管部门要规范外地企业进入本地的告知性备案制度，取消强制要求外地企业在当地注册独立子公司、将本地区业绩作为评标加分条件等不合理的限制措施，开放水利建设市场。

推进建设项目信息公开和诚信体系建设。把水利工程建设项目信息公开和诚信体系建设工作与治理商业贿赂、推进政务公开、社会信用体系建设等结合起来，全面推进。各流域机构，各省级、地市级政府水行政主管部门依托门户网站，设立水利工程建设领域项目信息和市场主体信用信息公开共享专栏，集中公开水利工程建设项目信息和市场主体信用信息，逐步实现全国范围内水利工程建设项目信息与信用信息的互联互通和互认共享。县级以上水行政主管部门要建立健全水利工程建设市场主体信用档案。要以项目审批和项目实施流程为主线，主动公开水利工程建设项目审批信息和建设管理信息。项目审批信息由项目审批部门收集、审核和发布；项目建设管理信息按照“谁组建项目法人，谁负责信息公开”的原则，由项目法人单位提供，并由项目法人主管部门负责审核、发布。制定水利建设市场主体信用信息标准和评价标准，组织开展水利建设市场主体信用等级评定工作，在市场准入、招标投标、资质监管、评优评奖等水利建设市场运行与监管的各个环节，对守信者给予激励，对失信者予以惩戒，使水利建设市场形成守信光荣、失信可耻的良好氛围。

三、建立稳定增长的水利投融资体制

实现水利跨越式发展，必须大幅度增加水利投入，建立水利投入稳定增长机制。2011 年山东省“一号文件”提出，今后 10 年全社会水利年平均投入比 2010 年高出一倍。

按照水利工程的属性不同，逐步建立多元化、多层次、多渠道水利投融资体系，实现水务投资主体、投资方式及资金形式的多元化，促进水资本与投资市场的建立和发展，最大限度地实现水务技术与资本的结合，推进水务事业走上市场化、产业化发展的道路。水利的公益性特点决定着公共财政投入是水利投资的主渠道，要争取增加并切实用好预算内基建投资和财政支农资金，保持重点水利工程和关系民生的水利工程建设投资的稳定增长；完善小型农田水利专项资金“民办公助”投入机制，建立农田水利建设资金稳定增长的机制；认真做好拓宽水利建设基金研究等工作，积极争取扩大水利资金来源；增加地方水利投入，落实好地方配套资金。鼓励各类社会主体参与水利建设，争取国家财政金融税收政策对水利的支持。

（一）充分认识新形势下加强水利投入的重要性和紧迫性

党和国家已把水利作为基础产业，放到与能源、交通同等重要的位置。但是从目前情况看，水利要真正成为基础产业，还必须做长期努力、艰苦细致的工作，现在人们对水利重要性和紧迫性的认识问题并未完全解决，地方财政对水利建设缺乏必要的投入，削弱和挤占水利资金的现象还很严重；在水利建设中存在着只重眼前效益、忽视长远建设的“短期行为”；只注重社会效益，不注重经济效益，只考虑无偿投入，不考虑有偿回收。建立多元化、多层次、多渠道水利投资体系，涉及中央、地方有关部门及全社会方方面面，要充分利用报刊、广播、电视等新闻媒介，向全社会宣传，使人们意识到水利建设关系到社会进步与发展、关系到千家万户、关系到每个人，在国家尽力增加水利投资的同时，社会各行各业和每个人都有为水利事业作贡献的义务。

（二）转变政府在水利投资中的角色

水利作为关系国计民生的基础产业，其项目的开发和运营大多关系到广大人民群众生活，如防洪、用水、发电等问题；水利具有公益性的特点，在经济学上具有公共物品的性质，于是政府在提供水利投资和运营上起着主导作用。

应充分发挥政府在水利建设中的主导作用，把水利作为公共财政投入的重点领域，进一步提高水利建设资金在国家固定资产投资中的比重,大幅度增加各级财政专项水利资金。各级财政对水利投入的总量和增幅要有明显提高。确保各级政府从土地出让收益中安排10%～20%用于农田水利建设。结合农村土地综合整治,整合各类涉农、涉水资金,充分发挥新增建设用地有偿使用费等土地整治资金的综合效益,进一步加大农田水利建设的投入。重点防洪城市和水资源严重短缺城市的城市建设维护税按不低于15%的比例用于城市防洪排涝工程、水源工程建设及水环境整治。延长省、市、县水利建设基金征收期限,拓宽来源渠道,增加收入规模,全部用于水利建设。加强水资源费、河道工程修建维护管理费、水土保持补偿费、水工程占用补偿费等水利收费的征缴管理,合理调整征收标准和范围,全额用于水利建设和管理。切实加强水利投资项目和资金监督管理。

(三)建立多元化、多层次、多渠道的水利投融资体制

建立更完善、更合理的多元化、多层次、多渠道的水利基础设施投融资体系。对于防洪除涝等公益性质显著的基础设施建设,应以国家投入为主;对于具有生产经营性质,效益显著的水电、城镇供水等,应建立市场竞争机制,以社会投入为主,并吸引外商投入,而国家投入应逐步退出;对于半公益半效益性的,如农田灌溉、水运等,国家给予相应的补贴,积极制订各种优惠政策来引导各方面的投入。

综合运用财政和货币政策,引导金融机构增加水利信贷资金。各地可根据不同水利工程的建设特点和项目性质,确定财政贴息的规模、期限和贴息率。各级小额贷款资金优先用于农村小型水利工程建设。支持符合条件的水利企业上市和发行债券,积极开展水利项目收益权质押贷款等多种形式融资。鼓励符合条件的地方政府水利投融资平台公司通过直接、间接融资方式,吸引社会资金参与水利建设。严格执行农村水电增值税和水利工程耕地占用税政策,积极推行洪水保险和水利工程保险。

广泛吸引社会资金投资水利。按照多筹多补、多干多补的原则,加大村级公益事业一事一议财政奖补力度,对符合一事一议财政奖补条件,并纳入一事一议财政奖补范围的小型提灌或排灌站等小型水利设施,各级政府按农民筹资筹劳总额的50%给予奖补,引导农民群众自愿投资投劳兴建小型水利设施。制定优惠政策，支持社会资本投入城乡供水、污水处理回用等经营性水利项目，鼓励采取产权置换、投资入股等方式，盘活水利固定资产，吸纳社会资本和外资进入水利建设领域。按照统一规划、分工协作、连片推进的要求，统筹农业综合开发、基本农田整治、粮棉油基地建设、千亿斤粮食生产能力、小型农田水利重点县建设、水系生态、农业振兴规划、现代农业生产发展等各类涉水专项资金，集中用于农田水利设施建设。

（四）坚持“谁受益，谁负担”的投资原则

根据收益与投资成正比的原则，受益地区应大力支持水利工程的建设，同时也应该承担更多的责任与义务。因此，首先必须使受益者和投资者挂起钩来，要运用科学的方法使社会效益尽量用经济效益体现出来，让人们为获得更好的经济效益而积极进行投资；其次要加强宣传力度，改变人们传统的意识，树立起“受益就必须有付出”的观念。

（五）实行水利建设项目法人责任制

实行水利建设项目法人责任制，是我国经济体制改革跨入企业制度创新阶段的必然走向。实行水利建设项目法人责任制，能够有效地解决长期以来困扰水利建设的产权虚置、投资风险责任缺位、筹资建设与管理经营脱节、建设项目效益低下等问题。实行水利建设项目法人责任制，坚持以公有制为基础，用多元化、分散化的产权主体代替单一的国家主体，建立以现代化企业制度为基础的新型投资体制和责任制，是解决水利工程建设和经营责任的根本出路所在。

四、建立合理的水价形成机制

按照国家关于推进资源性产品价格改革的要求，积极推进水价改革，合理确定各类用水的水资源费征收标准，改革水费计收方式。充分发挥水价的调节作用，兼顾效率和公平，大力促进节约用水和产业结构调整。加快农业水价综合改革步伐，农业灌溉逐步推行终端水价与用水计量收费，灌排工程运行管理费用由财政适当补助，探索实行农民定额内用水享受优惠水价、超定额累进加价的办法。工业与服务业用水严格执行行业用水定额，逐步实行超定额累进加收水资源费制度，拉开高耗水行业与其他行业的水价差价。合理调整城市居民生活用水价格,加快推行阶梯式水价制度。对多水源供水区域,探索建立综合水价制度。行政区域之间可以在水量分配方案的基础上进行水权有偿转让。

(一)逐步理顺水价

水利工程供水价格实行统一政策、分级管理,大中型水利工程供水价格实行政府定价,小型水利工程供水价格实行政府指导价。水利工程供水价格按照补偿成本、合理收益、优质优价、公平负担的原则核定,并根据供水成本、费用及市场供求的变化情况适时调整。

(二)强化计收管理

水利工程水费实行计量收费。农业供水尚未实行计量收费的,要积极创造条件,逐步推行计量收费;非农业用水必须安装计量设施,无计量设施的要限期安装。农业水费计收实行公示制,接受民主监督。要积极培育农村用水户合作组织,加强用水管理,改进收费办法,水费由供水经营者或其委托的单位、个人计收,其他单位或个人无权收取。任何单位和个人不得违反规定在水价外加收任何名目的费用或减免水费。严禁任何单位和个人截留、平调和挪用水费。

山东省物价局、财政厅、住房和城乡建设厅已联合下发通知,要求具备条件的城市根据“每人每月用水 2.55 ~ 3.6 m^3”的居民基本用水量标准实行阶梯式水价。阶梯式水价是指对城市居民家庭生活用水设定每月的基本用水额度,月内用水超过基本额度的部分实行阶梯计价收费,通过发挥价格杠杆作用,增强居民保护水资源的意识,达到节水的目的。家庭生活基本用水额度,可以按家庭常住人口或按户设定,具体由各市确定。阶梯式水价水量基数分为三级:第一级水量基数是居民基本生活用水量,每人每月用水量为 2.55 ~ 3.6 m^3,具体由各市确定;第二级是改善和提高居民生活质量用水量,为超过基本用水额度 50% 部分;第三级是满足特殊需要用水量,为超过基本用水额度 100% 及以上部分。阶梯式水价价格级差采用 1∶1.5∶3,即第一级水量执行居民生活用水到户综合水价,第二级水量价格在第一级水量价格基础上加价 50%,第三级水量价格在第一级水量价格基础上加价 200%。

阶梯式水价计量核算单位（按户或按人数）和计收时间（按月、双月或按年）由各城市自行确定。各城市可根据当地水资源供需实际和供水季节差别，合理调整水量基数和价格级差。对目前尚未实现一户一表而无法实行阶梯式计量水价的居民生活用水，暂不实行阶梯式水价，可结合实际实行季节性加价，具体加价比例由各市自行确定。

第四节　以科技创新推动水利可持续发展

水利科技工作要围绕建设创新型国家的宏伟目标，坚持自主创新、重点跨越、支撑发展、引领未来的科技方针，按照经济社会发展的现实需求，把握水利事业发展的关键领域，健全完善水利科技创新体系，加强基础理论研究、应用技术研发和高新技术利用，加速科技成果推广转化，大力提高科技在水利发展中的贡献率，力争在水安全保障、水资源配置与高效利用、水生态与环境保护、水工程安全及管理等领域实现科技新突破，为防洪安全、饮水安全、粮食安全、经济发展用水安全和生态用水安全提供科技支撑和保障。

一、健全水利科技创新体系

按照科学布局、优化资源、创新机制、提升能力的总体思路，构建布局合理、功能完备、运转高效、支撑有力的水利科技创新体系；继续深化管理体制的改革和运行机制的创新，不断加强并完善“开放、流动、竞争、协作”的新型运行机制建设，提高整合科技资源、组织重大科技活动的能力；大力加强科技基础条件平台建设，促进水利科技资源高效配置和综合利用。

二、加强水利科技体制和机制的改革创新

继续深化科技体制改革，进一步优化科技资源配置，创新管理体制。按照水利发展需求，加强学科建设，优化学科结构布局；积极培养创新人才队伍，全面推行全员聘用制，稳步推进人事代理制度，建立开放流动机制，促进人才合理流动；实行按岗定酬、按任务定酬、按业绩定

酬，建立重实绩、重贡献、向优秀人才和关键岗位倾斜的分配激励机制，保护知识产权、技术专利等生产要素参与分配，充分体现科技人员的劳动价值；积极做好有关资源、大型仪器设备、数据平台等共享工作，初步形成以共享为核心的制度框架；建立现代科研院所制度，完善职工代表大会监督制，充分发挥各级科学技术委员会的科技咨询作用；注重创新文化的建设和发展，营造有利于科技创新、发展高新技术和实现产业化的政策环境。

三、加强水利科技基础条件平台建设

加强水利科技基础条件平台建设，鼓励、支持流域和地方建设多种形式的实验室、研究中心、试验站等水利科研基地。根据水利发展、学科布局和成果转化的需要，重点建设15个左右部级重点实验室、20个左右部级工程技术研究中心、100个左右具有创新能力的基层水利科技试验站或科技园区，提高科研仪器、装备的现代化水平和自主研发能力。构建以水利科研基地和大型科学仪器设备共享平台、水利科学数据共享平台、科技成果转化公共服务平台等为主体框架的水利科技基础条件平台，促进水利科技资源高效配置和综合利用。

四、加强重大水利科技问题研究

充分考虑全球气候变化、经济社会快速发展和产业结构不断调整等背景，根据治水实践的需要，进一步加大水利科技投入力度，加强基础研究和技术研发，力争在水资源管理、水生态保护和水文监测、节约用水、海水淡化等重点领域、关键环节和核心技术上实现新突破。在江河治理方面，要研究长江的江湖关系、三峡清水下泄对长江中下游河势的影响、黄河水沙规律与有效调控措施、淮河与洪泽湖的河湖关系等一系列重大问题；在防洪抗旱减灾方面，要研究全球气候变化情况下水资源演变规律、极端水旱灾害特点及有效应对措施、蓄滞洪区的调整及有效利用、海平面上升和地面沉降对防洪的影响及对策；在水资源领域，要研究大的空间和时间尺度下水资源演变规律、微观领域水的高效利用机理、先进适用的节水灌溉技术与灌溉制度、大范围的水资源保护和

水域生态系统修复技术等。

五、加强水利科技成果转化与推广

围绕节水型社会建设、水安全保障、水利现代化建设需要,加快水利科技推广服务体系建设。通过科技成果示范工程和示范园区,大力推进科技成果的中试转化。根据水利科技的发展,及时更新完善相关技术标准,建立有效制度推进新技术的应用与推广。要充分利用国家以及省部级各类科技推广计划,有重点地推广对行业、流域、地区水利科技进步有实用价值的科技成果。采用举办科技展览、科技培训、技术交流、产品推介等多种方式和手段,因地制宜地大力推广水利信息化、城乡饮水安全、节水灌溉、农村水电、城市与工业节水、非常规水资源的开发与利用、水生态和水环境保护与修复、水质自动监测、现代水利施工、水土保持等方面先进实用的新技术、新工艺、新产品、新材料。

参考文献

[1] 杨志峰,崔保山,刘静玲,等. 生态环境需水量理论、方法与实践[M]. 北京:科学出版社,2004.
[2] 董哲仁,孙东亚,等. 生态水利工程原理与技术[M]. 北京:中国水利水电出版社,2007.
[3] 崔振才,杜守建,张维圈,等. 工程水文及水资源[M]. 北京:中国水利水电出版社,2008.
[4] 中国水利教育协会. 水资源开发利用与管理[M]. 北京:人民日报出版社,2006.
[5] 高宗军,张兆香. 水科学概论[M]. 北京:海洋出版社,2003.
[6] 武汉水利电力学院《中国水利史稿》编写组. 中国水利史稿(上册)[M]. 北京:水利电力出版社,1979.
[7] 武汉水利电力学院《中国水利史稿》编写组. 中国水利史稿(中册)[M]. 北京:水利电力出版社,1987.
[8] 武汉水利电力学院《中国水利史稿》编写组. 中国水利史稿(下册)[M]. 北京:水利电力出版社,1989.
[9] 顾浩. 中国治水史鉴[M]. 北京:中国水利水电出版社,1997.
[10]《水利辉煌50年》编纂委员会. 水利辉煌50年[M]. 北京:中国水利水电出版社,1999.
[11] 袁长极. 民国时期的山东水利[J]. 春秋,1998(4).
[12] 袁长极."大跃进"及三年困难时期的山东水利[J]. 春秋,1998(6).
[13] 袁长极. 建国后山东水利的恢复与发展[J]. 春秋,1998(5).
[14] 王玉柱. 壮丽的画卷——山东水利建设五十年[J]. 山东水利,1999(10).
[15] 国家防汛抗旱总指挥部办公室. 防汛抢险知识读本[M]. 北京:科学普及出版社,1998.
[16] 梅孝威. 水利工程管理[M]. 北京:中国水利水电出版社,2005.
[17] 杨刚. 节水灌溉技术手册[M]. 北京:中国水利水电出版社,2001.
[18] 周学文. 2009年全国水利发展统计公报[M]. 北京:中国水利水电出版

社,2010.

[19] 樊惠芳．灌溉排水工程技术[M]．郑州:黄河水利出版社,2010.

[20] 赵明华．农田水利建设的现状及措施[J]．中国新技术新产品,2010(1).

[21] 李仰斌．农村饮水安全工程建设存在的问题及对策[J]．中国水利,2009(1).

[22] 马承新．实施村村通自来水工程的探索[J]．中国水利,2007(10).

[23] 报轩．大旱凸显农村饮水安全工程抗灾作用[N]．中国水利报,2011-06-23(1).

[24]《中国水利年鉴》编纂委员会．中国水利年鉴[M]．北京:世界知识出版社,2006.

[25]《中国水力发电年鉴》编纂委员会．中国水力发电年鉴[M]．北京:中国电力出版社,2003.

[26] 山东省水利厅．山东水利发展与改革三十年成就回顾与展望[J]．山东水利,2008(7).

[27] 齐佳音,李怀祖,陆新元．中国水资源管理问题及对策[J]．中国人口、资源与环境,2001(4).

[28] 胡继连,徐光增．我国水资源管理体制研究[J]．节水灌溉,2002(2).

[29] 陈雷．在淮委干部会上的讲话[J]．治淮,2010(5).

[30] 陈东景,徐中民．关于水资源管理的几个问题的探讨[J]．干旱区研究,2001(1).

[31] 李春晖,杨志峰．水资源评价进展与存在的几个问题[J]．水土保持学报,2004(18).

[32] 赵明,舒春敏．我国城市供水状况及节水对策[J]．干旱区资源与环境,2003(19).

[33] 孙鸿烈．我国水土流失问题及防治对策[R]．十一届全国人大常委会专题讲座,2010.

[34] 水利部,中国科学院,中国工程院．中国水土流失防治与生态安全·西北黄土高原区[M]．北京:科学出版社,2010.

[35] 张兴昌．中国特色的水土保持成就和治理措施[J]．自然杂志,2009(30).

[36] 王玉太．山东省近期水土保持生态建设的重点与难点[J]．山东水利,2009(6).

[37] 周生贤．国务院关于水污染防治工作进展情况的报告[R]．第十一届全国人民代表大会常务委员会第六次会议,2010.

[38] 山东省环保厅.2010 年山东省环境质量状况公报[R],2010.
[39] 何晓科.节水技术概论[M].郑州:黄河水利出版社,2008.
[40] 李宪文,郭孔文.'98 大洪水百问[M].北京:中国水利水电出版社,1999.
[41] 杜昌文.在全省抗旱工作视频会议上的讲话[EB/OL].中国水利网[2011-02-24]http://www.chinawater.com.cn/.
[42] 姜大明.在全省抗旱工作电视电话会议上的讲话[EB/OL].中国水利网[2011-02-24]http://www.chinawater.com.cn/.
[43] 佚名.干旱及我国的易旱区[EB/OL].中国天气网[2010-03-22]http://www.weather.com.cn/.
[44] 佚名.中国历史上重大干旱灾害录[EB/OL].中国水利网[2006-10-07]http://www.chinawater.com.cn/.
[45] 陈仁泽.南方部分地区旱情严重[N].人民日报,2011-08-06(2).
[46] 何俊仕,林洪孝.水资源概论[M].北京:中国农业大学出版社,2006.
[47] 崔振才,杜守建.工程水文及水资源[M].北京:中国水利水电出版社,2008.
[48] 郭孟卓,黄永基.我国水资源状况形势严峻[J].中国农村水电及电气化,2008(4).
[49] 迟宝明,卢文喜.水资源概论[M].长春:吉林大学出版社,2006.
[50] 董增川.水资源规划与管理[M].北京:中国水利水电出版社,2008.
[51] 万俊.水资源开发利用[M].武汉:武汉大学出版社,2008.
[52] 左其亭,窦明,吴泽宁.水资源规划与管理[M].北京:中国水利水电出版社,2011.
[53] 山东省水利厅.山东水利年鉴[M].济南:山东省地图出版社,2001.
[54] 陈志恺.21 世纪中国水资源持续开发利用问题[J].中国工程科学,2000(3).
[55] 尚守忠,田世义.水资源及开发利用[M].北京:科学普及出版社,1991.
[56] 赵宝璋.水资源管理[M].北京:中国水利水电出版社,1994.
[57] 水利部南京水文水资源研究所,中国水利水电科学研究院水资源研究所.21 世纪中国水供求[M].北京:中国水利水电出版社,1999.
[58] 杜昌文.在全省病险水库除险加固及农田水利基本建设工作现场会议上的讲话[J].山东水利,2009(12).
[59] 李福仲,刘力其.山东省水利工程安全现状分析[J].水利建设与管理,2008(3).

[60] 杨启贵,谭界雄,周和清. 我国病险水库特点及加固设计中的主要问题(专题报告)[R]. 2008.
[61] 甘琳,张仕廉. 农村水利基础设施现状与融资模式偏好[J]. 改革,2009(7).
[62] 富曾慈. 城市防洪与减灾对策研究[J]. 水利规划设计,2001(2).
[63] 胡继连,徐光增. 我国水资源管理体制研究[J]. 节水灌溉,2002(2).
[64] 孙大鹏. 浅议小型水利工程质量管理[J]. 河北水利,2009(11).
[65] 邢台市水务局. 实行水务一体化管理　推进水利事业全面协调发展[J]. 河北水利,2009(3).
[66] 杨志峰,崔保山,刘静玲,等. 生态环境需水量理论、方法与实践[M]. 北京:科学出版社,2004.
[67] 中华人民共和国环保部. 2009 年中国环境状况公报[R],2010.
[68] 王月仪. 水资源及水生态的现状及治理[J]. 给排水与建筑电气,2007(3).
[69] 吴生桂,张俊友. 长江水生态科研事业的建设与发展[J]. 人民长江,2010(4).
[70] 乔世珊. 统筹人水和谐　发展生态水利[J]. 水利发展研究,2004(1).
[71] 周垂田. 天人之学与建立和谐人水关系[J]. 中国水利,2006(10).
[72] 张家诚. 人水关系的历史回顾[J]. 水科学进展,2006(4).
[73] 李雪松. 论人水和谐思想的历史演变及其现实价值[J]. 水利发展研究,2006(8).
[74] 凌志. 试析统筹人与自然和谐发展理论的产生及意义[J]. 生态经济,2006(5).
[75] 王先俊. 科学发展观与马克思主义中国化[J]. 学术界,2006(5).
[76] 包心鉴. 一脉相承与时俱进的重大理论成果[J]. 中国社会科学院研究生院学报,2006(4).
[77] 敬正书. 坚持科学发展观　实现人水和谐[J]. 水利发展研究,2004(4).
[78] 邓坚. 坚持科学发展观　促进人水和谐发展[J]. 海河水利,2004(2).
[79] 宋继峰. 搞好水土保持　促进人水和谐[J]. 山东水利,2005(6).
[80] 李英明. 坚持科学发展观　努力创建人水和谐社会[J]. 山西农经,2005(2).
[81] 中共中央宣传部. 科学发展观学习读本[M]. 北京:学习出版社,2008.
[82] 姬君彩. 实现人与自然和谐的基本途径[J]. 北京林业大学学报:社会科学版,2006(3).

[83] 游宏慧．促进人与自然和谐发展[J]．发展研究,2006(6).
[84] 阎增山．确立人与自然和谐相处的理念[J]．理论前沿,2006(15).
[85] 蔡其华．论人水和谐[J]．人民长江,2006(5).
[86] 张建新．试论人水和谐与水环境保护[J]．海河水利,2006(8).
[87] 汪恕诚．资源水利——人与自然和谐相处[M]．北京:中国水利水电出版社,2003.
[88] 向旭．坚定地走人水和谐的可持续发展之路[J]．人民珠江,2005(4).
[89] 钱正英．中国水利[M]．北京:水利电力出版社,1991.
[90] 左其亭,陈曦．面向可持续发展的水资源规划与管理[M]．北京:中国水利水电出版社,2003.
[91] 方子云．中国水利百科全书:环境水利分册[M]．北京:中国水利水电出版社,2004.
[92] 郭雪莽,等．中国水利概论[M]．郑州:黄河水利出版社,1999.
[93] 叶永毅．水利与创新[M]．北京:中国水利水电出版社,2001.
[94] 钱正英．钱正英水利文选[M]．北京:中国水利水电出版社,2000.
[95] 李国英．治水辩证法[M]．北京:中国水利水电出版社,2001.
[96] 高前兆,李小雁,苏德荣．水资源危机[M]．北京:化学工业出版社,2002.
[97] 王家枢．水资源与国家安全[M]．北京:地震出版社,2002.
[98] 乔聚玲,刘芳．人水和谐的体系框架构建研究[J]．中国软科学,2007(2).
[99] 李春国．坚持人水和谐,发展生态水利[J]．江苏水利,2006(9).
[100] 张建新,张金鹏,刘海辰,等．试论人水和谐与水环境保护[J]．海河水利,2006(4).
[101] 杜昌文．在全省水利局长会议上的讲话[J]．山东水利,2010(1-2).
[102] 杜昌文．关于实现山东水利科学发展的战略思考[J]．水利发展研究,2010(1).
[103] 陈家琦,王浩,杨小柳．水资源学[M]．北京:科学出版社,2002.
[104] 王双银,宋孝玉．水资源评价[M]．郑州:黄河水利出版社,2008.
[105] 安娟,路振广,路金镶．水资源优化配置研究进展[J]．人民黄河,2007(8).
[106] 王维平,杨金忠．现代化水网建设与水资源优化配置[J]．水利水电技术,2004(5).
[107] 孙义福,刘长军,张军．科学配置山东水资源问题的探讨[J]．中国水利,2008(19).

[108] 翟浩辉．保障饮水安全是农村全面建设小康社会的必然要求[J]．河海大学学报,2003(5).
[109] 岳恒．农村饮水安全基本现状分析[J]．水利水电技术,2006(37).
[110] 吴泽宁,索丽生．水资源优化配置研究进展[J]．灌溉排水学报,2004(23).
[111] 夏军．可持续水资源管理研究与展望[J]．水科学进展,1997(4).
[112] 王浩,秦大庸,王建华．流域水资源规划的系统观与方法论[J]．水利学报,2002(8).
[113] 徐乾清．浅议具有中国特色的防洪减灾体系[J]．水利规划设计,2002(2).
[114] 杜昌文．在全省水资源管理工作会议上的讲话[J]．山东水利,2011(8).
[115] 胡明思,骆承政．中国历史大洪水(上、下卷)[M]．北京:中国书店出版社,1989.
[116] 徐乾清．对中国防洪减灾问题的基本认识和建立具有中国特色的防洪减灾体系的初步设想[J]．水文,2003(4).
[117] 黄宣伟．谈水利规划[M]．北京:中国水利水电出版社,2003.
[118] 李健生．中国江河防洪丛书总论卷[M]．北京:中国水利水电出版社,1999.
[119] 程晓陶,尚全民．中国防洪与管理[M]．北京:中国水利水电出版社,2005.
[120] 程晓陶,吴玉成,王艳艳,等．洪水管理新理念与防洪安全保障体系的研究[M]．北京:中国水利水电出版社,2004.
[121] 徐乾清．中国防洪减灾对策研究[M]．北京:中国水利水电出版社,2002.
[122] 梅锦山．中国防洪规划与建设[J]．中国水利,2010(20).
[123] 刘永,郭怀成,戴永立,等．湖泊生态系统健康评价方法研究[J]．环境科学学报,2004(4).
[124] 唐涛,蔡庆华,刘建康．河流生态系统健康及其评价[J]．应用生态学报,2002(9).
[125]《〈中共中央 国务院关于加快水利改革发展的决定〉辅导读本》编写组．《中共中央 国务院关于加快水利改革发展的决定》辅导读本[M]．北京:中国水利水电出版社,2011.
[126] 王冠军,乔建华,柳长顺．我国水土流失综合防治政策研究[J]．中国水土保持科学,2008(6).
[127] 李怀甫．论生态恢复与水土保持[J]．中国水土保持科学,2006(1).

[128] 李向红,寸玉康,柳小强,等. 水电工程水土流失防治效果评价指标体系[J]. 水土保持应用技术,2010(2).

[129] 刘钰,汪林,倪广恒,等. 中国主要作物灌溉需水量空间分布特征[J]. 农业工程学报,2009(12).

[130] 赵伟. 水法规和管理制度建设步伐加快——“十五”期间的水法规和管理制度建设[J]. 中国水利,2006(8).

[131] 侯成波,薛强. 构建和谐水法规体系[J]. 水利发展研究,2007(4).

[132] 赵伟. 60 年谱就中国水利法治绚丽华章[J]. 中国水利,2009(4).

[133] 鄂竟平. 树立科学发展观,稳步推进两个转变[J]. 中国防汛抗旱,2004(1).

[134] 高健磊,吴泽宁,左其亭,等. 水资源保护规划理论方法与实践[M]. 郑州:黄河水利出版社,2002.